MATERIALIEN ZUM AUSLÄNDISCHEN UND INTERNATIONALEN PRIVATRECHT

HERAUSGEGEBEN VOM MAX-PLANCK-INSTITUT FÜR AUSLÄNDISCHES UND INTERNATIONALES PRIVATRECHT

Direktor: Professor Dr. Hans Dölle

5

Vorschläge und Gutachten zur Reform des deutschen internationalen Eherechts

vorgelegt
im Auftrag der
Eherechtskommission des deutschen Rates
für internationales Privatrecht

von

Dr. WOLFGANG LAUTERBACH
Senatspräsident beim Hanseatischen
Oberlandesgericht i. R.

1962

WALTER DE GRUYTER & CO.
BERLIN

J. C. B. MOHR (PAUL SIEBECK)
TÜBINGEN

J. C. B. Mohr (Paul Siebeck) Tübingen 1962

Printed in Germany
Druck: Buchdruckerei Eugen Göbel, Tübingen
Einband: Großbuchbinderei Heinr. Koch, Tübingen

Vorwort

Eine Reform des deutschen internationalen Privatrechts wird seit langem angeregt. Hiervon ist die Reform des internationalen Eherechts ein besonders wichtiger Teil. Die Eherechtskommission des deutschen Rates für internationales Privatrecht hat dazu einen Vorschlag ausgearbeitet, der nebst seiner Begründung in diesem Buche abgedruckt ist, nachdem er bereits 1960 mit einem einführenden Aufsatz von Kegel in Rabels Zeitschrift (54, 201 ff., 339 ff.) erschienen ist.

Den Hauptbestandteil dieses Bandes bilden die Gutachten der Kommissionsmitglieder. Diese Gutachten liegen allerdings schon einige Jahre zurück. Sie werden jedoch (mit wenigen Ausnahmen) unverändert abgedruckt, damit die Ausgangspunkte der Kommissionsberatungen ebenso klar sind wie die Endpunkte im vorgelegten Entwurf. Auch das Mittelstück, nämlich die Protokolle der Kommissionssitzungen, zu veröffentlichen, erschien weniger dringlich, hätte überdies die finanziellen Möglichkeiten überschritten.

Die Mitglieder der Eherechtskommission würde es freuen, wenn ihre Vorschläge ein lebhaftes Echo fänden und dazu beitrügen, das geltende internationale Privatrecht in einigen wesentlichen Punkten zu verbessern.

Lübeck, im März 1962

Wolfgang Lauterbach

Inhalt

Abkürzungsverzeichnis

a.A.	anderer Ansicht
a.a.O.	am angegebenen Ort
Abs.	Absatz
a.E.	am Ende
allg.	allgemein
Anm.	Anmerkung
Annuaire	Annuaire de l'Institut de droit international
Art.	Artikel
AuslPersStG	Auslandspersonenstandsgesetz
AVO	Ausführungsverordnung
Bem.	Bemerkung
BGB	Bürgerliches Gesetzbuch
BGH	Bundesgerichtshof
BöhmsZ	Zeitschrift für internationales Privat- und Strafrecht, begr. v. Böhm
BritZ	Britische Besatzungszone
bzw.	beziehungsweise
c.c.	code civil, codice civile, código civil
DA	Dienstanweisung für die Standesbeamten und ihre Aufsichtsbehörden
dergl.	dergleichen
d. h.	das heißt
DVO	Durchführungsverordnung
ebda.	ebenda
EGBGB	Einführungsgesetz zum Bürgerlichen Gesetzbuch
EheG	Ehegesetz
evtl.	eventuell
f., ff.	folgend(e)
FamÄG	Gesetz zur Vereinheitlichung und Änderung familienrechtlicher Vorschriften (Familienrechtsänderungsgesetz) vom 11. 8. 1961, BGBl. I, S. 1221
FamRZ	Ehe und Familie im privaten und öffentlichen Recht, Zeitschrift für das gesamte Familienrecht
finn.	finnisch
Ges.	Gesetz
GewO	Gewerbeordnung
GG	Grundgesetz für die Bundesrepublik Deutschland
GleichberG	Gesetz über die Gleichberechtigung von Mann und Frau auf dem Gebiete des bürgerlichen Rechts

h.M.	herrschende Meinung
IBA	International Bar Association, Fifth International Conference of the Legal Profession, Monte Carlo, Monaco, July 19–24, 1954, The Hague 1956
i.d.F.	in der Fassung
IPR	internationales Privatrecht
i.S.	im Sinne
i.V.m.	in Verbindung mit
JherJb.	Jherings Jahrbücher der Dogmatik des bürgerlichen Rechts
JW	Juristische Wochenschrift
Kap.	Kapitel
KRG	Kontrollratsgesetz
LG	Landgericht
m.a.W.	mit anderen Worten
MDR	Monatsschrift für Deutsches Recht
m.E.	meines Erachtens
n.F.	neue Fassung
Nr.	Nummer
NJW	Neue Juristische Wochenschrift
PStG	Personenstandsgesetz
RabelsZ oder ZAIP	Zeitschrift für ausländisches und internationales Privatrecht, begr. v. Rabel
RG	Reichsgericht
RGBl.	Reichsgesetzblatt
S.	Satz, Seite
SA	Seufferts Archiv für Entscheidungen der obersten Gerichte in den deutschen Staaten
schwed.	schwedisch
SchweizJZ	Schweizerische Juristenzeitung
sog.	sogenannt
StAZ	Zeitschrift für Standesamtswesen
tschech.	tschechisch
u.a.	unter anderem, und andere
usw.	und so weiter
u.U.	unter Umständen
VerschG	Verschollenheitsgesetz
vgl.	vergleiche
VOBl.	Verordnungsblatt
Vorbem.	Vorbemerkung
WBVR	Wörterbuch des Völkerrechts und der Diplomatie 1. Aufl. 1924
ZAIP	siehe RabelsZ
z.B.	zum Beispiel
ZGB	Zivilgesetzbuch
Ziff.	Ziffer
ZPO	Zivilprozeßordnung
z.T.	zum Teil
z.Zt.	zur Zeit

Literaturverzeichnis

von Bar, Theorie und Praxis des internationalen Privatrechts, 1889

Baumbach-Lauterbach, Kommentar zur Zivilprozeßordnung, 1954[23]

Bergmann IEKR, Internationales Ehe- und Kindschaftsrecht, 1952 ff[3]

Frankenstein, Internationales Privatrecht, Bd. III 1934

Kahn, Abhandlungen zum internationalen Privatrecht, Bd. II 1928

Lewald IPR, Das deutsche internationale Privatrecht auf der Grundlage der Rechtsprechung, 1930/31

Mugdan, Die gesamten Materialien zum Bürgerlichen Gesetzbuch für das deutsche Reich, hrsg. v. B. Mugdan, Bd. I–IV, 1899

Niemeyer, Zur Vorgeschichte des Internationalen Privatrechts im Deutschen Bürgerlichen Gesetzbuch, 1915

Palandt-Lauterbach, Palandt, Bürgerliches Gesetzbuch, EGBGB Art. 7–31 bearb. v. Lauterbach

Raape IPR, Internationales Privatrecht, 1950[3], 1955[4]

Rabel, The Conflict of Laws, Bd. I 1945[1]

Soergel-Kegel, Soergel, Bürgerliches Gesetzbuch, Bd. IV Art. 7–31 EGBGB bearb. v. Kegel, 1955[8]

Staudinger-Raape, J. v. Staudingers Kommentar zum Bürgerlichen Gesetzbuch, Bd. VI 2 Einführungsgesetz Art. 7–31 bearb. v. Raape, 1931[9]

Stein-Jonas, Kommentar zur Zivilprozeßordnung, 1953 ff.[18]

Wolf IPR, Das internationale Privatrecht Deutschlands, 1954[3]

Vorschläge
für eine Reform des deutschen internationalen Eherechts

vorgelegt
von der 2. Abteilung (Eherechtskommission)
des Deutschen Rates für internationales Privatrecht

Es werden folgende Formulierungen vorgeschlagen:

Eheschließung

I

§ A

(1) Die Voraussetzungen der Ehe werden hinsichtlich jedes Verlobten nach dem Recht des Staates beurteilt, dem er angehört. Vor einem diplomatischen oder konsularischen Vertreter eines ausländischen Staates können Ehen in Deutschland nur geschlossen werden, wenn dies durch Staatsvertrag zugelassen ist.

(2) Hat ein deutsches Gericht durch rechtskräftiges Urteil eine Ehe für nichtig erklärt, aufgehoben oder geschieden oder festgestellt, daß eine Ehe nicht besteht, so steht diese Ehe einer erneuten Eheschließung auch dann nicht entgegen, wenn das Urteil in einem ausländischen Staat nicht anerkannt wird. Entsprechendes gilt, wenn ein deutsches Gericht rechtskräftig einen Ehegatten für tot erklärt oder den Zeitpunkt seines Todes festgestellt hat.

§ B

§ 15 a EheG entfällt.

II

Als § 42 a PStG ist einzustellen:

(1) Haben die Eheleute ihre Ehe im Bundesgebiet auf Grund des ..... (Art. 13 Abs. 1 EGBGB) ..... in anderer Weise als vor einem deutschen Standesbeamten geschlossen, so kann jeder von ihnen beantragen, daß die Eheschließung ins deutsche Standesregister eingetragen wird.

(2) Ist die Eheschließung nachgewiesen, so ist dafür bei dem Standesamt 1 in Berlin ein besonderes Buch zu eröffnen, das zu enthalten hat:

1. die Vor- und Familiennamen der Eheleute, ihren Beruf und Wohnort zur Zeit der Eheschließung, Ort und Tag ihrer Geburt sowie im Falle ihres Einverständnisses ihre rechtliche Zugehörigkeit oder ihre Nichtzugehörigkeit zu einer Kirche, Religionsgesellschaft oder Weltanschauungsgemeinschaft;
2. die Feststellung des Standesbeamten, wann, wo und unter wessen Mitwirkung die Eheschließung stattgefunden hat.

Diese Eintragung ist nur von dem Standesbeamten zu unterschreiben.

III

In § 428 der Dienstanweisung für die Standesbeamten und ihre Aufsichtsbehörden ist am Ende des Absatz 1 einzufügen:

„Sind nach dem Recht des Staates, dem einer der Verlobten angehört, zur Gültigkeit der Ehe weitere Formvorschriften zu wahren, so soll der Standesbeamte die Verlobten vor Erlaß des Aufgebots darauf hinweisen."

IV

§ 10 EheG wird unverändert ins PStG aufgenommen. Dementsprechend sind die §§ 7 und 8 der 1. DVO EheG (§§ 7 und 8 der in der BritZ gültigen AVO EheG) in die AVO PStG zu übernehmen. Dabei ist dem Abs. 1 des § 8 als Satz 3 anzufügen:

„Sie darf nicht deswegen verweigert werden, weil der ausländische Staat eine Entscheidung der in Art. ..... (§ A Abs. 2) ..... genannten Art nicht anerkennt."

Ehewirkungen

§ A

Für die Wirkungen der Ehe gilt der Reihe nach das Recht des Staates,

1. dem beide Ehegatten angehören,
2. dem beide Ehegatten während der Ehe zuletzt angehört haben, vorausgesetzt, daß einer von ihnen diesem Staat noch angehört,
3. in dem beide Ehegatten sich gewöhnlich aufhalten,
4. in dem beide Ehegatten sich während der Ehe zuletzt gewöhnlich aufgehalten haben, vorausgesetzt, daß einer von ihnen sich dort noch aufhält,
5. in dem beide Ehegatten sich aufhalten,
6. in dem beide Ehegatten sich während der Ehe zuletzt aufgehalten haben.

§ B

Wird für die Wirkungen der Ehe deutsches Recht maßgebend, so gilt, falls ein Güterstand vereinbart war, für diesen das bisherige Recht weiter.

§ C

Unter Streichung von § 1409 Abs. 2 n. F. BGB:

(1) Hat einer der Ehegatten, für deren Güterstand deutsches Recht gilt, seinen gewöhnlichen Aufenthalt im Ausland, so können die Ehegatten auch einen dort geltenden Güterstand vereinbaren.

(2) Hat einer der Ehegatten, für deren Güterstand ausländisches Recht gilt, seinen gewöhnlichen Aufenthalt im Inland, so können die Ehegatten auch einen Güterstand des deutschen Rechtes vereinbaren.

§ D

(1) Gilt für den Güterstand ausländisches Recht und hat einer der Ehegatten seinen gewöhnlichen Aufenthalt oder einen Gewerbebetrieb im Inland, so ist § 1412 BGB entsprechend anzuwenden; der ausländische gesetzliche Güterstand steht einem vertragsmäßigen gleich.

(2) Auf im Inland abgeschlossene Rechtsgeschäfte ist § 1357 BGB, auf im Inland befindliche bewegliche Sachen § 1362 BGB, auf ein im Inland betriebenes Erwerbsgeschäft § 1456 BGB sinngemäß anzuwenden, soweit diese Vorschriften Dritten günstiger sind als die ausländischen Gesetze.

Unter Abänderung von § 1558 Abs. 1 n. F. BGB:

(3) Die Eintragungen in das Güterrechtsregister haben bei dem Amtsgericht zu geschehen, in dessen Bezirk der Mann seinen gewöhnlichen Aufenthalt hat. Hat der Mann keinen gewöhnlichen Aufenthalt im Inland, so können die Eintragungen in das Güterrechtsregister am gewöhnlichen Aufenthalt der Frau erfolgen. Art. 4 EGHGB bleibt unberührt.

Ehescheidung

§ A

(1) Für die Scheidung der Ehe und für die Trennung von Tisch und Bett gilt der Reihe nach das Recht des Staates,

1. dem beide Ehegatten angehören,
2. dem beide Ehegatten während der Ehe zuletzt angehört haben, vorausgesetzt, daß einer von ihnen diesem Staat noch angehört,
3. in dem beide Ehegatten sich gewöhnlich aufhalten,
4. in dem beide Ehegatten sich während der Ehe zuletzt gewöhnlich

aufgehalten haben, vorausgesetzt, daß einer von ihnen sich dort noch aufhält,

5. in dem beide Ehegatten sich aufhalten,
6. in dem beide Ehegatten sich während der Ehe zuletzt aufgehalten haben.

(2) Eine Tatsache, die sich ereignet hat, während für die Wirkungen der Ehe ein anderes Recht galt, ist nur dann ein Scheidungs- oder Trennungsgrund, wenn die Tatsache auch nach dem anderen Recht ein Scheidungs- oder Trennungsgrund ist.

§ B

(1) Können die Ehegatten nach der gemäß § A maßgebenden Rechtsordnung nicht geschieden oder von Tisch und Bett getrennt werden, ist dies dagegen möglich nach dem Recht des Staates, dem ein Ehegatte bei der Eheschließung angehört hat, so ist dieses Recht anzuwenden. Das gilt nicht, wenn der Ehegatte seine Staatsangehörigkeit aus Gründen aufgegeben hat, die nicht mit der Ehe zusammenhängen.

(2) Ist die Scheidung oder Trennung auch nach dem Recht des Staates möglich, dem der andere Ehegatte angehört hat, so sind beide Rechtsordnungen anzuwenden.

Internationale Zuständigkeit

(1) Für Klagen auf Scheidung, Aufhebung oder Nichtigerklärung einer Ehe, auf Trennung von Tisch und Bett, auf Feststellung des Bestehens oder Nichtbestehens einer Ehe zwischen den Parteien, auf Herstellung des ehelichen Lebens (Ehesachen) oder wegen Unterhalts auf Grund der Ehe sind die deutschen Gerichte international zuständig, wenn ein Ehegatte

1. sich in Deutschland gewöhnlich aufhält oder,
2. falls er sich nirgends gewöhnlich aufhält, sich in Deutschland aufhält oder
3. Deutscher ist.

(2) Die deutschen Gerichte sind auch dann international zuständig, wenn ein Ehegatte zur Zeit der Eheschließung Deutscher gewesen ist. Das gilt nicht, wenn der Ehegatte diese Staatsangehörigkeit aus Gründen aufgegeben hat, die nicht mit der Ehe zusammenhängen.

Anerkennung ausländischer Entscheidungen

Die Anerkennung einer ausländischen Entscheidung in Ehesachen und über den Unterhalt auf Grund der Ehe ist ausgeschlossen:

1. wenn die Gerichte des Staates, dem das ausländische Gericht angehört, nach deutschem Recht nicht zuständig sind;

2. wenn der unterlegene Ehegatte ein Deutscher ist und sich auf das Verfahren nicht eingelassen hat, sofern die das Verfahren einleitende Ladung oder Verfügung ihm weder in Person noch durch Gewährung deutscher Rechtshilfe zugestellt ist;
3. wenn die Anerkennung der Entscheidung gegen die guten Sitten oder gegen den Zweck eines deutschen Gesetzes verstößt.

BEGRÜNDUNG

Allgemeines

Aufgabe und Zusammensetzung der 2. Abteilung (Eherechtskommission)

Der Deutsche Rat für internationales Privatrecht hat bald nach seiner Gründung mit Reformarbeiten für dieses Rechtsgebiet begonnen, deren Ziel die Vorlegung des Entwurfs eines deutschen internationalen Privatrechtes ist.

Die *Bearbeitung der eherechtlichen Bestimmungen* hat die 2. *Abteilung* übernommen. Den Vorsitz führte

Senatspräsident Dr. Lauterbach	Hamburg

Als *ordentliche Mitglieder* gehörten ihr an:

Oberlandesgerichtspräsident Dr. Arndt	Bremen
Oberlandesgerichtspräsident a. D. Dr. Bergmann	Köln/Frechen

die Universitätsprofessoren

Beitzke	Göttingen
Braga	Saarbrücken
Ficker	Mainz
Kegel	Köln
Horst Müller	Freiburg
Raape	Hamburg
Schwenn	Berlin

Ständige Gäste waren:

Universitätsprofessor Batiffol	Paris
Rat am Kassationshof G. Holleaux	Paris
Universitätsprofessor v. Schwind	Wien

Zur Arbeitsweise und zu den Materialien

Die Arbeit, die die eherechtlichen Bestimmungen des internationalen Privatrechts und die damit zusammenhängenden verfahrensrechtlichen

Vorschriften zum Gegenstand hatte, wurde in einer Reihe von Sitzungen geleistet. *Referate,* die diese Sitzungen vorbereiteten, haben geliefert:

zur Eheschließung	Prof. Horst Müller und Prof. Ficker
zu den Ehewirkungen, der Ehescheidung und der internationalen Zuständigkeit	Prof. Kegel
zum Güterrecht	Prof. Beitzke
zur Anerkennung ausländischer Entscheidungen in Ehesachen	Prof. Schwenn
zu allgemeinen Fragen	Prof. Braga

Unterstützt wurden die Arbeiten einmal dadurch, daß das österreichische Bundesministerium für Justiz seine Reformarbeiten für ein österreichisches internationales Privatrecht zur Verfügung stellte, sodann durch die ständige Mitwirkung der drei ausländischen Gäste, die die Kommission über die Entwicklung des IPR in ihren Ländern unterrichteten und von denen sie wertvolle Anregungen erhielt.

Die Vorschläge entsprechen, unbeschadet der abweichenden Stellungnahme einzelner Kommissionsmitglieder, der Ansicht der großen Mehrheit der Kommission.

Abgrenzung des Arbeitsgebiets

Nicht eingeschlossen wurden in das Arbeitsgebiet Grundfragen des IPR, damit also auch nicht die Probleme der Staatenlosigkeit und der mehrfachen Staatsangehörigkeit, die der Arbeit einer besonderen Kommission vorbehalten sind. Soweit derartige Fragen dennoch berührt werden mußten, sind sie nicht theoretisch, sondern an der gegebenen Materie, also im Eherecht behandelt worden. Aufgabe einer abschließenden Be- oder Überarbeitung wäre dann die Vereinheitlichung der Ergebnisse der einzelnen Kommissionen.

Ausgeschieden wurden auch Fragen rein oder im wesentlichen politischen Inhaltes.

ALLGEMEINE RICHTLINIEN

1. Anknüpfung

Die Kommission war sich vom Beginn ihrer Arbeit darüber klar, daß das *Staatsangehörigkeitsprinzip* in der starren Form, wie es sich im geltenden Recht und der dazu entwickelten Rechtsprechung ausprägt, als Anknüpfungspunkt nicht mehr der heutigen Zeit entspricht. Schon

Art. 29 EGBGB in der Fassung des Familienrechtsänderungsgesetzes vom 12. 4. 1938 hatte diesen Standpunkt für die Staatenlosen zugunsten einer Anknüpfung an das Recht des gewöhnlichen Aufenthaltsortes aufgeben müssen. Leitender Gesichtspunkt war damals, daß viele dieser Personen ihre Heimat verlassen haben, mit der sie keinerlei Verbindung mehr hatten, oft auch nicht mehr wünschten, vielmehr in einem anderen Land Fuß fassen wollten, in dem sie sich nunmehr aufhielten. Die Zahl dieser Personen hat sich nach dem zweiten Weltkrieg noch bedeutend vermehrt. Die Anknüpfung nur an die Staatsangehörigkeit stößt aber auch deshalb zunehmend auf Schwierigkeiten, weil die gemeinschaftliche Staatsangehörigkeit beider Ehegatten bedeutend seltener geworden ist, nachdem viele Staaten, auch Deutschland, dazu übergegangen sind, die Ehefrau nicht ohne weiteres durch die Eheschließung mit einem Ausländer ihre bisherige Staatsangehörigkeit verlieren zu lassen. Andererseits ergibt aber die *Kumulation* der *Heimatrechte* beider Ehegatten große Schwierigkeiten, führt auch in der durch die Rechtsprechung gelegentlich gewählten Lösung, daß kein Ehegatte mehr Rechte geltend machen kann, als sein Recht zuläßt und wozu das des andern Ehegatten diesen verpflichtet, zu einem tatsächlich nicht vorhandenen Recht. Das war zu vermeiden. Die Kommission ist daher zwar *von dem Staatsangehörigkeitsrecht ausgegangen,* soweit nur das eines Ehegatten in Betracht kommt oder es beiden gemeinsam ist oder war und einer noch daran festhält, ist aber im übrigen zum *Recht des gewöhnlichen Aufenthaltes,* notfalls des *Aufenthalts schlechthin* als Anknüpfung übergegangen, also zum Recht des dann tatsächlich gegebenen Milieus, in das die Ehegatten oft auch mit dem Ziele einer späteren Einbürgerung hineinwachsen wollen, und das sich als das der Wirklichkeit entsprechende und damit gerechteste empfiehlt. Den *Wohnsitz,* der hier ebenfalls in Betracht kommen könnte, auch nach einigen Rechten das anzuwendende Recht bestimmt, hielt die Kommission mit Rücksicht auf die verschiedene Gestaltung dieses Rechtsbegriffs nicht in dem Maß für geeignet wie den rein tatsächlich festzustellenden gewöhnlichen Aufenthalt, den auch Art. 29 n. F. EGBGB und § 606 n. F. ZPO gewählt haben.

Die Kommission hat die sich so ergebenden Anknüpfungsmöglichkeiten folgerichtig durchgedacht, um ein vollständiges Bild zu geben. Sache der Gesetzgebung muß es sein, sich schlüssig zu werden, in welchem Umfang sie von diesen Anknüpfungen Gebrauch machen will (vgl. zu den Ehewirkungen § A, zur Ehescheidung § A).

2. Einschränkung der Vorbehaltsklauseln

Leitender Gesichtspunkt war weiterhin, eine nationale Überspitzung, die auch im Zeichen des Europagedankens nicht mehr angebracht erscheint, zu vermeiden. Es sind also die *besonderen Vorbehaltsklauseln* der Art. 13 Abs. 3 und 17 Abs. 4 nach eingehender Beratung *gestrichen* worden, wodurch gleichzeitig die Zahl der hinkenden Ehen verringert werden würde. Eine entsprechende Einschränkung hat bei § 328 ZPO stattgefunden. Die Kommission ist der Ansicht, daß für alle diese Fälle die allgemeine Vorbehaltsklausel genügt.

3. Vereinfachung

Erstrebt wurde schließlich auch eine größere Vereinfachung der eherechtlichen Bestimmungen. So ist versucht worden, Qualifikationsschwierigkeiten zu vermeiden, indem sowohl die persönlichen wie die güterrechtlichen Wirkungen der Ehe in derselben grundsätzlichen Vorschrift behandelt werden. Ferner schien es angebracht, Bestimmungen, soweit möglich (vgl. die der Ehewirkungen und der Ehescheidung), entsprechend zu gestalten und damit den Problemkreis zu verringern.

4. Einbeziehung der Verfahrensregeln

Mit einbezogen sind die durch den Sachzusammenhang gegebenen Verfahrensregeln. Dabei war die Grundeinstellung der Kommission, daß mehr als bisher der *Eigenständigkeit des internationalen Verfahrensrechts* gegenüber dem internationalen Privatrecht Rechnung getragen werden muß. Deswegen wurde insbesondere auf § 328 Abs. 1 Ziff. 3 und § 606 b Ziff. 1 ZPO verzichtet.

Für das Weitere muß auf die Begründung der einzelnen Bestimmungen verwiesen werden.

Eheschließung

§ A

(1) Die Voraussetzungen der Ehe werden hinsichtlich jedes Verlobten nach dem Recht des Staates beurteilt, dem er angehört. Vor einem diplomatischen oder konsularischen Vertreter eines ausländischen Staates können Ehen in Deutschland nur geschlossen werden, wenn dies durch Staatsvertrag zugelassen ist.

(2) Hat ein deutsches Gericht durch rechtskräftiges Urteil eine Ehe für nichtig erklärt, aufgehoben oder geschieden oder festgestellt, daß eine Ehe nicht besteht, so steht diese Ehe einer erneuten Eheschließung auch dann nicht entgegen, wenn das Urteil in einem ausländischen Staat nicht anerkannt wird.

Entsprechendes gilt, wenn ein deutsches Gericht rechtskräftig einen Ehegatten für tot erklärt oder den Zeitpunkt seines Todes festgestellt hat.

§ B

§ 15a EheG entfällt.

I

Die grundsätzliche Regelung
(Abs. 1 Satz 1)

1. Umfang der Regelung

Art. 13 EGBGB behandelt die *sachlichen Voraussetzungen* der Eheschließung. Für die *Form* gilt *Art. 11 EGBGB.* Dabei soll es bleiben.

Art. 13 ist *anzuwenden* nicht nur, wenn die Ehe vor dem deutschen Standesbeamten geschlossen werden soll, sondern auch, wenn später in Deutschland die Gültigkeit einer Eheschließung zu beurteilen ist. Hiervon sachlich abzuweichen, besteht kein Anlaß. Um jedoch deutlich zu machen, daß der Paragraph die beiden genannten Fälle umfaßt und nur die sachlichen Voraussetzungen behandelt, wurden die Worte „Eingehung der Ehe" durch „Voraussetzungen der Ehe" ersetzt.

Art. 13 enthält eine unvollkommen zweiseitige Kollisionsnorm. Sie ist schon bisher zu einer allseitigen erweitert worden. Wie auch an anderen Stellen des Entwurfs wird der Wortlaut dem angepaßt.

2. Die Anknüpfung

Wie bisher will der Entwurf die Voraussetzungen der Ehe hinsichtlich jedes Verlobten *nach dem Recht des Staates beurteilen, dem dieser angehört. Abgelehnt* wird die Anknüpfung an das *Recht des Eheschließungsortes.* Bei ihr wendet der Standesbeamte nur sein Recht an. Das ist ein Vorteil. Jedoch ist diese Erleichterung nicht nötig; denn auch bei Anknüpfung an die Staatsangehörigkeit wird den Standesbeamten die Nachprüfung fremden Rechts durch das Ehefähigkeitszeugnis oder die Vorprüfung bei der Befreiung weitgehend erspart. Der Richter aber, der nachträglich die Gültigkeit einer im Ausland geschlossenen Ehe zu beurteilen hat, muß auch bei Anknüpfung an das Recht des Eheschließungsortes ausländisches Recht anwenden. Im übrigen verbindet die Tatsache der Eheschließung in einem Lande weder die Ehe noch die Eheleute mit dem Recht dieses Landes. Die Anknüpfung an den Abschlußort ist auch rechtsvergleichend gesehen in der Auflösung begriffen und daher für die Zukunft ungeeignet.

Anzuknüpfen ist vielmehr *an die Person der Verlobten.* Für deren Verbindung mit einer Rechtsordnung sieht der Entwurf wie das bisherige Recht die *Staatsangehörigkeit* als maßgebend an. Das ist schon aus den oben (vgl. allgemeine Richtlinien Nr. 1, oben S. 6 f.) angegebenen Gründen gerechtfertigt. Da für jeden Verlobten an sein Heimatrecht zur Zeit der Eheschließung angeknüpft wird, entstehen auch nicht die Schwierigkeiten, die an anderen Stellen des Entwurfs nötigten, vom Staatsangehörigkeitsgrundsatz abzuweichen. Es liegen auch keine besonderen Gründe dafür vor, gerade bei der Eheschließung statt auf die Staatsangehörigkeit auf den gewöhnlichen Aufenthalt abzustellen. In den persönlichen und kulturellen Fragen, um die es sich bei den Voraussetzungen der Eheschließung handelt, wurzelt der Mensch in der Regel nicht im Aufenthaltsstaat; besonders dann nicht, wenn dessen Eherecht infolge kultureller Unterschiede erheblich von dem des Heimatrechts abweicht. Mit der Anknüpfung an die Staatsangehörigkeit bleibt der Entwurf auch in Übereinstimmung mit den meisten kontinentaleuropäischen Rechten. Maßgebend ist die *Staatsangehörigkeit zur Zeit der Eheschließung.* Der Entwurf spricht das nicht ausdrücklich aus, weil es bereits durch das Wort „Verlobte" klargestellt ist.

Weitere Einzelheiten, deren Behandlung schon bisher streitig war, brauchen nicht gesetzlich geregelt zu werden, da die Fälle selten sind.

II

Form der Eheschließung

1. Obligatorische Zivilehe

Nach *Art. 13 Abs. 3 EGBGB* bestimmt sich die Form einer Ehe, die im Inland geschlossen wird, ohne Rücksicht auf das sonst maßgebende Heimatrecht ausschließlich nach den deutschen Gesetzen. Diese besondere Vorbehaltsklausel hat der Ausschuß *gestrichen.* Leitend war hierfür der bereits oben S. 8 (allgemeine Richtlinien Nr. 2) angegebene Gesichtspunkt, nationale Überspitzungen zu vermeiden und daher besondere Vorbehaltsklauseln nach Möglichkeit zu streichen. Dadurch wird auch die Zahl der hinkenden Ehen verringert. Die praktische Bedeutung der Streichung ist nicht so groß wie oft angenommen wird. In nichtdeutscher Form können nach dem Entwurf Verlobte in Deutschland nur heiraten, wenn das *Heimatrecht eines jeden von ihnen* eine kirchliche Eheschließung oder eine solche durch formlose Einigung vorschreibt oder zuläßt. (Wegen diplomatischer oder konsularischer Eheschließung vgl. unten 3 S. 11 f.) Weitere Voraussetzung ist, daß das Heimatrecht nicht auf das Recht des Aufenthalts- oder des Eheschließungsortes ganz oder für die Form verweist, wie es in den Ländern mit reiner Konsensehe meist der Fall sein wird.

Der Entwurf *durchbricht* damit für einen kleinen Kreis von Fällen den *Grundsatz der obligatorischen Zivilehe.* Seinetwegen haben die meisten anderen Staaten mit obligatorischer Zivilehe eine besondere Vorbehaltsklausel ähnlich dem bisherigen Art. 13 Abs. 3. Doch ist das für Deutschland kein Grund, an einer Kollisionsnorm festzuhalten, die als nicht mehr zeitgemäß erkannt ist. Gelegentlich ist im Anschluß an den jetzigen § 15a des Ehegesetzes die Ansicht vertreten worden, durchbreche man im IPR den Grundsatz der obligatorischen Zivilehe, so sei dieser auch im bürgerlichen Recht erschüttert. Dieser Schluß ist keineswegs überzeugend. Er vernachlässigt die besonderen Verhältnisse, die zu der abweichenden Lösung im IPR führen. Im übrigen ist die mögliche Rückwirkung auf das innerstaatliche Recht eine ausgesprochen politische Frage. Es ist nicht Aufgabe der Kommission, zu ihr Stellung zu nehmen.

Durch Art. 13 Abs. 3 EGBGB war auch gesichert, daß jede in Deutschland vorgenommene Eheschließung aus den deutschen *Personenstandsbüchern* ersichtlich wird. Das ist z. B. bei der Geburt von Kindern wichtig. Diese Sicherung geht verloren, wenn der bisherige Absatz 3 wegfällt. Über die von der Kommission vorgeschlagene Abhilfe vgl. unten S. 14–16 zu § 42a PStG.

2. *Freiwillige Beachtung der deutschen Form*

Auch wenn das Heimatrecht der Verlobten eine andere Form als die Eheschließung vor dem deutschen Standesbeamten zwingend vorschreibt, gestattet *Art. 11 EGBGB* ihnen doch in Deutschland standesamtlich zu heiraten. Dadurch entstehen wieder hinkende Ehen, wenn das Heimatrecht diese Ehen nicht anerkennt. Die Kommission hielt es aber nicht für erforderlich, deswegen vorzuschreiben, daß das Ortsrecht für die Form nur dann anzuwenden ist, wenn das Heimatrecht das zuläßt. Vielmehr wurde in anderer Weise versucht, derartigen hinkenden Ehen vorzubeugen. Vgl. dazu unten S. 16f. zu § 428 Dienstanweisung.

3. *Diplomatische und konsularische Eheschließungen*

Diese waren bisher in Deutschland, wenn sie nicht durch Staatsvertrag zugelassen waren, nicht wirksam. Daran ändert die Streichung des Art. 13 Abs. 3 nichts; denn er spricht nicht erst das Verbot derartiger Eheschließungen aus, sondern dieses ergibt sich bereits aus dem Völkerrecht. Mitwirkung bei Eheschließungen ist Ausübung staatlicher Hoheitsrechte. Sie greift in die Hoheitsbefugnis des Empfangsstaates ein und kann daher in diesem Wirkung nur mit seiner Zustimmung haben. So ist der deutsche Standpunkt bereits in der Denkschrift zum Auslandspersonenstandsgesetz von 1870 klargestellt (ebenso RG JW 1931, 1338). Diese Auffassung liegt auch dem Haager Eheschließungsabkommen Art. 6 zugrunde, nur verlangt dieses einen ausdrücklichen Widerspruch des Empfangsstaates. Im Ausland, z. B. in Frankreich, bestehen teilweise andere Ansichten. Um Zweifel auszuschließen, erscheint es angebracht, den *deutschen Standpunkt im Gesetz* (Abs. 1 Satz 2) *zum Ausdruck* zu bringen. Der Bundesregierung wird dadurch die Möglichkeit offengehalten, durch *Staatsvertrag* auf der Grundlage der Gegenseitigkeit Eheschließungsbefugnisse für diplomatische und konsularische Vertreter zu vereinbaren.

Der jetzige *Art. 15a* des Ehegesetzes wird als Besatzungsrecht, das nicht aus deutschem Rechtsdenken entstanden ist, *gestrichen.*

III

Widerspruch zwischen deutschen gerichtlichen Entscheidungen und ausländischem Recht

1. Entscheidungen über den Bestand der Ehe (Abs. 2 Satz 1)

Diese Bestimmung geht von folgender Lage aus:

Ein deutsches Gericht hat durch rechtskräftiges Urteil eine Ehe für nichtig erklärt, aufgehoben, geschieden oder festgestellt, daß eine Ehe nicht besteht. Einer der Ehegatten will in Deutschland wieder heiraten. Das nach Abs. 1 Satz 1 maßgebende Heimatland oder das des anderen Verlobten sieht ihn aber noch als verheiratet an, weil es das deutsche Urteil nicht anerkennt.

Hier war es *bisher zweifelhaft,* ob für den deutschen Standesbeamten der *Standpunkt des Heimatstaates oder die Rechtskraft des deutschen Urteils maßgebend* ist. Die Frage taucht auch auf, wenn über die Gültigkeit der im In- oder Ausland geschlossenen zweiten Ehe später in Deutschland zu entscheiden ist. Hier würde sich gegebenenfalls sogar ein Gericht in Widerspruch zu der Rechtskraft setzen. Es ist nicht zu erwarten, daß die bestehenden Zweifel durch Rechtsprechung und -lehre endgültig geklärt werden. Daher ist eine *gesetzliche Bestimmung notwendig.* Der Entwurf (Abs. 2 Satz 1) gibt der *Rechtskraft den Vorzug.* Zwar entsteht hier eine weitere hinkende Ehe. Doch wird das nur dann praktisch, wenn einer der Ehegatten sich in seinem Heimatstaat auf die Ehe beruft. Dagegen tritt der Widerspruch zwischen der Rechtskraft des deutschen Urteils und dem Standpunkt des Heimatstaates beim Standesbeamten in den meisten Fällen auf. Weder die Beteiligten noch die öffentliche Meinung werden es verstehen, wenn der Standesbeamte sich in Widerspruch zu einem deutschen Urteil setzt, um den Widerspruch zu der Auffassung eines ausländischen Staates zu vermeiden. Das Vertrauen auf die Rechtssicherheit wird dadurch erschüttert. Daß man der Rechtskraft folgt, deckt sich mit der französischen

Praxis und entspricht auch der Grundeinstellung des Entwurfs, der Eigenständigkeit des Verfahrensrechts gegenüber dem IPR Rechnung zu tragen (vgl. oben S. 8, Allgemeine Richtlinien Nr. 4). Um die neue Vorschrift in der Praxis durchzuführen, ist es notwendig, die *Bestimmungen über das Ehefähigkeitszeugnis* zu ergänzen (vgl. dazu unten S. 17 f. zu § 10 EheG).

Ein ähnlicher Widerspruch kann entstehen, wenn das *Urteil im Ausland ergangen* und *in Deutschland* nach § 24 der 4. DVO EheG *anerkannt* ist. Es ist aber nicht so wichtig, daß dafür eine ausdrückliche Bestimmung notwendig wäre.

2. Deutsche Todeserklärungen (Abs. 2 Satz 2)

Der *gleiche Widerspruch* zwischen Heimatrecht und rechtskräftiger deutscher Entscheidung entsteht, wenn diese nicht unmittelbar den Bestand der Ehe betrifft, sondern *einen der Ehegatten für tot erklärt.* Vom deutschen Standpunkt wird dann vermutet, daß die Ehe durch Tod aufgelöst ist. Möglicherweise erkennt dann das Heimatrecht eines der jetzigen Verlobten die Todeserklärung nicht an und sieht die alte Ehe als noch bestehend an. Da das *jetzige deutsche Verschollenheitsrecht* in weiterem Umfang als früher das BGB Todeserklärungen nach deutschem Recht zuläßt, wird der Widerspruch zu dem Heimatrecht häufiger eintreten. Die Erwägungen, die zu der Vorschrift des Abs. 2 Satz 1 geführt haben, treffen auch hier zu. Daher dehnt Satz 2 diese Bestimmung auch auf deutsche Todeserklärungen aus. Hierbei ist es gleichgültig, auf welchem Absatz des § 12 VerschG sie beruhen.

Dem *neuen Satz 2* liegt also ein anderer Gedanke, nämlich die *Höherbewertung der Rechtskraft,* zugrunde als dem bisherigen Abs. 2 des Art. 13. Dieser will lediglich in Verbindung mit dem früheren Art. 9 Abs. 3 EGBGB, jetzt § 12 Abs. 3 des VerschG die deutsche oder früher deutsche Frau eines Verschollenen schützen. Die jetzt vorgesehene Bestimmung gewährt ebenfalls diesen Schutz, gilt aber auch in den Fällen, in denen Interessen einer deutschen Frau nicht berührt sind.

Der *Satz 2 ist nur anzuwenden,* wenn die Todeserklärung überhaupt Wirkung für die Ehe des Verschollenen gehabt hat. Erfolgte sie auf Grund des § 12 Abs. 2 VerschG, so *wirkt sie für die Ehe nur,* wenn die Wirkungen der Ehe selbst nach deutschem Recht zu beurteilen sind. Diese Auslegung entspricht der bisherigen Lehre. Der Entwurf braucht sie daher nicht durch eine ausdrückliche Bestimmung sicherzustellen.

Der Entwurf setzt der Todeserklärung die *gerichtliche Feststellung des Todeszeitpunktes* gleich, weil auch in diesem Fall die Zulässigkeit oder Gültigkeit der zweiten Ehe möglicherweise von der Anerkennung der deutschen Entscheidung abhängt.

Ergänzende Bestimmungen

I

Als § 42 a PStG ist einzustellen:

(1) Haben die Eheleute ihre Ehe im Bundesgebiet auf Grund des ..... (Art. 13 Abs. 1 EGBGB) ..... in anderer Weise als vor einem deutschen Standesbeamten geschlossen, so kann jeder von ihnen beantragen, daß die Eheschließung ins deutsche Standesregister eingetragen wird.

(2) Ist die Eheschließung nachgewiesen, so ist dafür bei dem Standesamt 1 in Berlin ein besonderes Buch zu eröffnen, das zu enthalten hat:

1. die Vor- und Familiennamen der Eheleute, ihren Beruf und Wohnort zur Zeit der Eheschließung, Ort und Tag ihrer Geburt sowie im Falle ihres Einverständnisses ihre rechtliche Zugehörigkeit oder ihre Nichtzugehörigkeit zu einer Kirche, Religionsgesellschaft oder Weltanschauungsgemeinschaft;
2. die Feststellung des Standesbeamten, wann, wo und unter wessen Mitwirkung die Eheschließung stattgefunden hat.

Diese Eintragung ist nur von dem Standesbeamten zu unterschreiben.

Beweis einer Ehe, die in Deutschland anders als vor dem Standesbeamten abgeschlossen ist

1. Notwendigkeit einer Bestimmung

Nach Streichung des Art. 13 Abs. 3 EGBGB können in Deutschland Ehen auch anders als vor dem deutschen Standesbeamten geschlossen werden. In Frage kommen *Eheschließungen unter Mitwirkung von Organen von Religionsgemeinschaften,* Eheschließungen *durch formlose Einigung* und vorbehaltlich des neuen § A Abs. 1 Satz 2 *diplomatische oder konsularische Eheschließungen.* In diesem Fall ist nicht mehr gesichert, daß in Deutschland geschlossene Ehen aus dem deutschen Personenstandsbuch ersichtlich sind (vgl. oben S. 11). Diesem Nachteil will der Entwurf durch den neuen § 42 a des PStG abhelfen. Ein Zeugnis der Stelle, die bei der Eheschließung mitgewirkt hat, kann zum Beweis nicht genügen. Bei reinen Konsensehen fehlt eine solche Stelle; in den anderen Fällen ergibt das Trauzeugnis nicht, ob die beobachtete Form der Eheschließung überhaupt nach deutschem IPR (§ A Abs. 1 Satz 1 des Entwurfs in Verbindung mit Art. 11 EGBGB) zulässig war. Diese Prüfung kann nur den Gerichten und Standesämtern, aber nicht den sonstigen Behörden (Polizei, Finanzamt) zugemutet werden. Daher ist anzustreben, daß derartige Eheschließungen im Rechtsverkehr ohne solche Nachprüfung bewiesen werden können. Dazu müssen sie *nachträglich in das deutsche Personenstandsbuch eingetragen* werden. Die Eintragung dient *nur Beweiszwecken.* Daher braucht die Gültigkeit der Eheschließung nicht von ihr abzuhängen; auch nach dem Ehegesetz wird, abgesehen von dem Sonderfall des § 11 Abs. 2, die Eheschließung nicht erst mit der Eintragung im Personenstandsbuch wirksam.

2. Kein Anmeldungszwang

An einem einfachen und zweifelsfreien Beweis der Eheschließung sind in erster Linie die Eheleute interessiert. Im Gegensatz zu den meisten ausländischen Rechten, insbesondere dem italienischen, *verzichtet* der Entwurf deswegen darauf, der bei der Trauung beteiligten Stelle oder den Eheleuten selbst eine *Pflicht aufzuerlegen,* nachträglich die Eintragung im Personenstandsbuch herbeizuführen. Unterlassen sie das, so müssen sie die Nachteile tragen, daß sie ihre Ehe nicht jederzeit zweifelsfrei beweisen können. Zwar bestehen auch gewisse öffentliche Interessen an Rechtsklarheit und -sicherheit; aber sie decken sich mit denen der Eheleute und sind nicht so wesentlich, daß sie unbedingt durchgesetzt werden müßten. Der Entwurf verzichtet auch auf einen mittelbaren Druck, etwa durch eine Vorschrift, daß derartige Eheschließungen nur durch den Eintrag im deutschen Personenstandsbuch bewiesen werden können. Eine solche ausschließliche Beweiskraft dieser Bücher kennt das deutsche Recht auch sonst nicht.

Die Anmeldung wird oft aus Saumseligkeit zunächst unterbleiben. Da es sich in erster Linie um die Interessen der Parteien handelt, setzt der Entwurf *für die Anmeldung keine Ausschlußfrist.* Er verlangt auch nicht eine gemeinschaftliche Anmeldung durch beide Ehegatten; sonst könnte einer von ihnen die Eintragung einseitig vereiteln und damit die Beweisbarkeit der Ehe gefährden.

3. Prüfung durch den Standesbeamten

Nach Abs. 2 hat der Standesbeamte die Eheschließung in das deutsche Register einzutragen, wenn sie ihm nachgewiesen ist. Er hat dazu *nachzuprüfen,* ob ein Tatbestand vorliegt, der als eine formgültige Eheschließung anzusehen ist. Das ist zunächst nach deutschem IPR, sodann nach dem Heimatrecht zu beurteilen, das von diesem als zuständig bezeichnet ist. Heiratet ein katholischer Spanier in Deutschland eine deutsche Katholikin, so schreibt zwar das nach deutschem IPR für den Mann zuständige spanische Recht kirchliche Eheschließung vor. § 11 des nach deutschem IPR für die Frau maßgebenden deutschen EheG verlangt aber in Deutschland unbedingt standesamtliche Eheschließung. Die kirchliche Eheschließung widerspricht daher dem deutschen IPR. Die Eheschließung ist nicht nachgewiesen im Sinne des Abs. 2 und darf nicht ins Register eingetragen werden.

Nicht aber hat der Standesbeamte zu prüfen, ob die nach dem Heimatrecht für die Gültigkeit der Ehe erforderlichen sachlichen Voraussetzungen vorliegen. Darüber zu entscheiden ist Sache der Gerichte. Daß deswegen möglicherweise eine vernichtbare Ehe eingetragen wird, ist unbedenklich; denn das Familien(Heirats-)buch ergibt auch sonst nur den äußeren Schein einer gültigen Ehe. Die Kommission war der Ansicht, daß besondere Bestimmungen über diese Frage nicht nötig sind, weil die vorstehende Auslegung sich aus Wortlaut und Sinn des Paragraphen eindeutig ergibt.

4. Verfahren bei der Eintragung

Die *weiteren Verfahrensbestimmungen in Abs. 2* ergeben sich aus den sonstigen Vorschriften des Personenstandsgesetzes und den Besonderheiten des Tatbestandes. Selbständige Regeln darüber, wie die Eheschließung nachzuweisen ist, sind im Gesetz nicht notwendig, bei der Verschiedenheit der Fälle auch kaum möglich.

II

In § 428 der Dienstanweisung für die Standesbeamten und ihrer Aufsichtsbehörden ist am Ende des Abs. 1 einzufügen:

> „Sind nach dem Recht des Staates, dem einer der Verlobten angehört, zur Gültigkeit der Ehe weitere Formvorschriften zu wahren, so soll der Standesbeamte die Verlobten vor Erlaß des Aufgebots darauf hinweisen."

Auch nach Streichung des Art. 13 Abs. 3 EGBGB bleiben noch Fälle, in denen *hinkende Ehen* entstehen. Das sind einmal die Fälle, in denen das Heimatrecht eines Verlobten (z. B. das deutsche) zwingend standesamtliche, das des anderen aber (z. B. das griechische) zwingend kirchliche Eheschließung vorschreibt. Hier genügt nach deutschem Recht die kirchliche, nach griechischem Recht die standesamtliche Eheschließung nicht. Zum anderen sind es die Fälle, in denen beide Heimatrechte zwingend auch im Ausland kirchliche Eheschließung vorschreiben. In beiden Fällen ist die Ehe nach Art. 11 Abs. 1 Satz 2 EGBGB auch dann gültig, wenn sie vor dem deutschen Standesbeamten abgeschlossen wird. In der Heimat wird diese Eheschließung aber oft nicht anerkannt. Um diese hinkenden Ehen zu vermeiden, legt man in der Praxis den Verlobten nahe, der standesamtlichen die kirchliche Eheschließung nachfolgen zu lassen. Um zu sichern, daß dies nachher nicht an kirchlichen Hindernissen scheitert, verlangt man eine *Traubereitschaftsbescheinigung des Geistlichen.* Doch darf der Standesbeamte davon seine Mitwirkung nicht abhängig machen. Die Kommission hat erwogen, diese Praxis in das Gesetz zu übernehmen und die Mitwirkung des Standesbeamten nur zuzulassen, wenn ihm die Traubereitschaftsbescheinigung vorgelegt ist. Auch dann bliebe es aber der Verantwortung der Verlobten überlassen, ob sie die kirchliche Eheschließung nachher tatsächlich vollziehen. Daher erscheint es richtig, die Frage allein dem Gewissen der Verlobten anheimzustellen, wie ja wohl überhaupt ein auch nur mittelbarer staatlicher Zwang zu kirchlichen Handlungen den Grundrechten zuwiderläuft. Damit aber die Verlobten eine freie Gewissensentscheidung treffen können, müssen sie *über die bürgerlich-rechtlichen Folgen bloßer standesamtlicher Trauung aufgeklärt* werden. Die Pflicht dazu legt der Entwurf dem Standesbeamten auf, der ja die Folgen übersieht. Da diese Aufklärung weder Ehevoraussetzung noch Bestandteil der Eheschließungsform ist, gehört die Vorschrift in die Dienstanweisung für die Standesbeamten.

III

§ 10 EheG wird unverändert ins PStG aufgenommen. Dementsprechend sind die §§ 7 und 8 der 1. DVO EheG (§§ 7 und 8 der in der ehemaligen britischen Zone gültigen AVO EheG) in die AVO PStG zu übernehmen. Dabei ist dem Abs. 1 des § 8 als Satz 3 anzufügen:

„Sie darf nicht deswegen verweigert werden, weil der ausländische Staat eine Entscheidung der in Art. . . . . . (§ A Abs. 2) . . . . . genannten Art nicht anerkennt."

Das Ehefähigkeitszeugnis

1. Verweisung in das Personenstandsgesetz

§ 10 des EheG behandelt das *Ehefähigkeitszeugnis* unter den Eheverboten. In Wahrheit ist nicht die Ehe, sondern die Mitwirkung des Standesbeamten verboten. Die Vorschrift regelt also dessen Verfahren und *gehört daher in das Personenstandsgesetz.* Entsprechend sind die §§ 7 und 8 der 1. DVO EheG (§§ 7 und 8 der in der früheren britischen Zone gültigen AVO EheG) in die AVO PStG zu übernehmen.

2. Verweigerung bei Nichtanerkennung rechtskräftiger deutscher Entscheidungen

Der Entwurf läßt in § A Abs. 2 eine Eheschließung auch dann zu, wenn eine frühere Ehe durch rechtskräftiges deutsches Urteil beseitigt ist oder infolge rechtskräftiger deutscher Todeserklärung als aufgelöst vermutet wird. In der Praxis wird in einem solchen Fall der Heimatstaat des Verlobten, wenn er die deutsche Entscheidung nicht anerkennt, das Ehefähigkeitszeugnis verweigern. Es ist eine notwendige

Folgerung aus der oben angeführten Vorschrift, daß dann *Befreiung von dem Ehefähigkeitszeugnis* erteilt wird. Vorausgesetzt ist dabei, daß die Heimatbehörde das Zeugnis nur deswegen versagt, weil sie den Verlobten entgegen der deutschen Entscheidung noch als verheiratet ansieht. Das wird aus dem verweigernden Bescheid oft nicht unmittelbar zu erkennen sein. Die zur Befreiung zuständige Stelle muß dann prüfen, ob andere Ehehindernisse entgegenstehen, eine Frage, die sie ohnedies zu untersuchen hat. Kann sie andere Ehehindernisse nicht feststellen, so darf sie die Befreiung nicht verweigern. Es wird das nicht ihrem Ermessen überlassen, weil sonst die praktische Durchführung der gesetzlichen Bestimmung (§ A Abs. 2) dem Belieben der Behörde unterläge. Deshalb fügt der Entwurf dem § 8 Abs. 1 der 1. DVO EheG (künftig der vorgeschlagenen Bestimmung der AVO PStG) eine entsprechende Vorschrift als Satz 3 an.

IV

Verfahrensfragen

Wegen der internationalen Zuständigkeit und der Anerkennung ausländischer Urteile in Sachen, welche die Gültigkeit, Anfechtung oder Aufhebung einer Ehe zum Gegenstand haben, wird auf die Ausführungen zur Ehescheidung verwiesen.

Ehewirkungen

§ A

Für die Wirkungen der Ehe gilt der Reihe nach das Recht des Staates,

1. dem beide Ehegatten angehören,
2. dem beide Ehegatten während der Ehe zuletzt angehört haben, vorausgesetzt, daß einer von ihnen diesem Staat noch angehört,
3. in dem beide Ehegatten sich gewöhnlich aufhalten,
4. in dem beide Ehegatten sich während der Ehe zuletzt gewöhnlich aufgehalten haben, vorausgesetzt, daß einer von ihnen sich dort noch aufhält,
5. in dem beide Ehegatten sich aufhalten,
6. in dem beide Ehegatten sich während der Ehe zuletzt aufgehalten haben.

Umfang der Regelung

§ A regelt die *Wirkungen* der Ehe, und zwar sowohl die *persönlichen* wie im Grundsatz die *güterrechtlichen*. Er umfaßt den Inhalt von Art. 14 und den wesentlichen Inhalt von Art. 15 EGBGB. Die Einbeziehung des Ehegüterrechts war möglich, weil die in Art. 15 ausgesprochene Unwandelbarkeit des Güterstands preisgegeben worden ist.

Anknüpfungsmomente

Nr. 1: Gemeinsames Heimatrecht

Die Kommission hat am Staatsangehörigkeitsprinzip festgehalten für den Fall, daß *beide Gatten demselben Staat angehören.*

Nr. 2: Letztes gemeinsames Heimatrecht

Wenn Eheleute *verschiedenen Staaten angehören,* entscheidet de lege lata im Güterrecht das Heimatrecht des Mannes. Für die persönlichen Ehewirkungen herrscht Streit (außer in dem von Art. 14 Abs. 2 EGBGB gesetzlich geregelten Sonderfall).

Der Vorrang des Mannesrechts kann nach Ansicht der Kommission nicht fortbestehen. Die Staaten mehren sich, in denen Heirat die *Staatsangehörigkeit* der Frau nicht ipso iure ändert; zu ihnen gehört jetzt auch Deutschland. Verschiedenes Heimatrecht der Eheleute ist daher heute viel häufiger als früher. Der Frau liegt aber ebensoviel an der Anwendung ihres Heimatrechts wie dem Mann an der Geltung des seinigen. Art. 3 Abs. 2 GG fordert die *Gleichberechtigung der Frau.* Wenn sich auch nach weit verbreiteter Meinung dieser Grundsatz im IPR nicht unmittelbar ausgewirkt hat, so ist doch de lege ferenda im Verhältnis der Eheleute gleiches Kollisionsrecht zu schaffen. Das kann zwar *materiell*rechtlich zum Nachteil der Frau ausschlagen (das Heimatrecht des Mannes mag die Gleichberechtigung der Frau durchgeführt haben, hingegen nicht das Recht, das auf Grund *internationalprivat*rechtlicher Gleichberechtigung die Ehe beherrscht). Aber die internationalprivatrechtliche Gerechtigkeit fordert, daß das dem Lebensverhältnis nächstliegende Recht angewandt wird, und sieht vom Inhalt der einzelnen materiellen Rechte ab (soweit nicht der ordre public eingreift).

Haben die Eheleute nicht schon von der Heirat an verschiedenen Staaten angehört, sondern zunächst demselben, und hat dann *einer den Staat gewechselt,* der andere seine alte Staatsangehörigkeit beibehalten, dann soll nach dem Vorschlag der Kommission das *letzte gemeinsame Heimatrecht* fortgelten. Art. 14 Abs. 2 EGBGB (Weitergeltung des deutschen Rechts, wenn von deutschen Eheleuten nur der Mann aufhört, Deutscher zu sein) ist also verallgemeinert worden: von der Frau auf den Mann, von Deutschen auf Ausländer. Dem Beharrenden geschieht kein Unrecht, und der andere kann sich nicht beklagen; es bleibt alles beim alten.

Dagegen wurde lebhaft erörtert, ob nicht das letzte gemeinsame Heimatrecht auch in anderen Fällen zu gelten habe. Indessen, wenn sich beide Eheleute *verschiedenen* neuen Staaten zuwenden, empfiehlt es sich nicht, das Recht des alten Staates anzuwenden, zu dem beide die Brücken abgebrochen haben: verliert das alte Recht seine Kraft, wenn beide Eheleute in einen *gemeinsamen* neuen Staat überwechseln, dann muß auch der Fall, daß sie Bürger *verschiedener* neuer Staaten werden, als Neubeginn gewertet und ebenso entschieden werden, wie wenn *nie gemeinsame Staatsangehörigkeit* bestanden hätte. Wird einer *nachträglich* wieder Bürger des alten gemeinsamen Staats, so darf deswegen das alte Heimatrecht nicht wieder in Kraft treten. Dies ist durch das Wort „noch" in Nr. 2 zum Ausdruck gebracht worden: das alte Heimatrecht gilt nur so lange weiter, wie einer *ununterbrochen* dem alten Heimatstaat angehört.

Nr. 3: Recht des gewöhnlichen Aufenthalts im selben Staate

Kann weder an gemeinsames noch an letztes gemeinsames Heimatrecht angeknüpft werden, dann muß nach Ansicht der Kommission das *Domizilprinzip* gelten. Nur wird nicht an den Wohnsitz, sondern an den *gewöhnlichen Aufenthalt* angeknüpft, um den rechtlichen Vorfragen auszuweichen, die sich beim gesetzlichen Wohnsitz (Ehefrau, Kind) und hinsichtlich der Geschäftsfähigkeit beim gewillkürten Wohnsitz ergeben (vgl. oben Allgemeines, Allgemeine Richtlinien Nr. 1 S. 7).

Die Kommission hat nicht verkannt, daß die Anknüpfung an den gewöhnlichen Aufenthalt dann hart sein kann, wenn die verschiedenen *Heimatrechte* der Eheleute einander sehr *ähneln, vom Aufenthaltsrecht* aber stark abweichen, z. B. wenn ein Franzose und eine Belgierin in New York oder in Teheran leben. Aber die geltenden Internationalprivatrechte behandeln alle materiellen Privatrechte gleich und bieten keinen Weg, Verwandtschaften und Abstände von Rechtsordnungen durch unterschiedliche Kollisionsnormen zu berücksichtigen. Gesetzgeberische Versuche in dieser Richtung empfehlen sich nicht vor wissenschaftlicher Durcharbeitung, die noch fehlt.

Soweit der gewöhnliche Aufenthalt entscheidet, versteht sich, daß an erster Stelle an den gewöhnlichen Aufenthalt der Eheleute im selben Staate angeknüpft wird (Nr. 3) wie entsprechend an die gemeinsame Staatsangehörigkeit (Nr. 1).

Nr. 4: Recht des letzten gewöhnlichen Aufenthalts im selben Staate

Aus entsprechenden Gründen wie an die letzte gemeinsame Staatsangehörigkeit (oben zu Nr. 2) wird hilfsweise angeknüpft an den letzten gewöhnlichen Aufenthalt im selben Staate und auch an ihn nur, solange einer der Eheleute diesen Aufenthalt ununterbrochen beibehalten hat.

Nr. 5: Recht des schlichten Aufenthalts im selben Staate

Versagt die Anknüpfung an den gewöhnlichen Aufenthalt, dann muß der schlichte Aufenthalt entscheiden. Der Entwurf spricht im Einklang mit der deutschen Gesetzessprache einfach von „Aufenthalt". Maßgebend ist an erster Stelle (wie bei der Anknüpfung an die Staatsangehörigkeit in Nr. 1 und an den gewöhnlichen Aufenthalt in Nr. 3) die Gegenwartsanknüpfung, also der *gegenwärtige* schlichte Aufenthalt im selben Staate.

Nr. 6: Recht des letzten schlichten Aufenthalts im selben Staate

Als äußerste Anknüpfung hat die Kommission den letzten schlichten Aufenthalt der Eheleute im selben Staat gewählt. Daß einer der Gatten ihn beibehalten hat, wird hier (anders als für die Staatsangehörigkeit in Nr. 2 und für den gewöhnlichen Aufenthalt in Nr. 4) nicht gefordert. Denn diese Anknüpfung ist ohnehin ganz schwach.

Reihenfolge der Anknüpfungsmomente

Die Folge der Anknüpfungsmomente vom *Heimatrecht* über den *gewöhnlichen* zum *schlichten* Aufenthalt ist angemessen und liegt schon dem geltenden Recht zugrunde, insbesondere in Art. 29 EGBGB. Die *Gleichberechtigung* verlangt, daß die *gemeinsame schwächere* Anknüpfung der *stärkeren* Anknüpfung eines *einzelnen* Gatten vorgeht (z. B. der gemeinsame schlichte Aufenthalt vor dem gewöhnlichen Aufenthalt eines Gatten) mit der einzigen Ausnahme, daß die stärkere gemeinsame Anknüpfung fortdauert, solange nur einer der Gatten sie verloren hat (Nr. 2 für die Staatsangehörigkeit, Nr. 4 für den gewöhnlichen Aufenthalt).

Kodifizierbarkeit der Anknüpfungsmomente

Die Reihe der sechs Anknüpfungsmomente ist nach Ansicht der Kommission in ihrer *Wertabstufung* einleuchtend und außerdem klar zu *übersehen.* Sie gibt der Rechtsanwendung die nötige Sicherheit. Bricht man vorher ab (etwa bei Nr. 4: letzter gewöhnlicher Aufenthalt im selben Staate), dann läßt man Fälle, die noch praktisch wichtig sind, unnötig in der Schwebe. Andererseits ist die Reihenfolge zwar nicht erschöpfend (sie erfaßt z. B. nicht Handschuhehen, deren Gatten bei und nach der Heirat nicht mehr zusammengekommen sind); aber die Nummern 1–6 bezeichnen Fälle abnehmender Häufigkeit und die Fälle, die übrig bleiben, sind so selten, daß darauf verzichtet werden kann, sie gesetzlich zu regeln.

Eheliches Güterrecht

Die Kommission hält für die Fragen des ehelichen Güterrechts ebenso wie für die Fragen der sonstigen Ehewirkungen die *Umgestaltung des bisherigen EGBGB (Art. 15) zu einer zweiseitigen Kollisionsnorm für* erforderlich. Sie hält es weiterhin für zweckmäßig, die *Norm für das eheliche Güterrecht der Norm für die allgemeinen Ehewirkungen anzugleichen* und *beide in dem einheitlichen § A zusammenzufassen.* Damit werden vor allem die zahlreichen bisherigen *Probleme der Zuordnung* einzelner Rechtsfragen zu den persönlichen Ehewirkungen oder zum ehelichen Güterrecht *ausgeschaltet.* Hiermit wird eine gleichmäßige Rechtsanwendung gewährleistet, die Rechtssicherheit gefördert.

Die Vereinheitlichung der kollisionsrechtlichen Regelung für persönliche Ehewirkungen und eheliches Güterrecht ist aber nur möglich, wenn das *Prinzip der Unwandelbarkeit des Güterstandes,* so wie es in Art. 15 EGBGB enthalten ist, *beseitigt* wird. Die Kommission ist der Überzeugung, daß dieser Schritt getan werden kann. Die Unwandelbarkeit des Güterstandes ist schon intertemporal nie wirklich durchgeführt worden. Bei Einführung des BGB sind die früheren Güterstände zwar durch Art. 200 EGBGB aufrecht erhalten, aber durch die Ausführungsgesetze der Länder bis auf geringe Ausnahmen in die neuen Güterstände übergeleitet worden. Auch bei Einführung des Gleichberechtigungsgesetzes 1958 sind die meisten früheren Güterstände in neue Güterstände übergeleitet worden. Internationalrechtlich lassen Art. 15 Abs. 2 EGBGB und Art. 5 des Haager Ehewirkungsabkommens den Güterstand wenigstens insoweit wandelbar sein, als die Befugnis zum Abschluß eines Güterrechtsvertrages in Frage steht. Die Unwandelbarkeit des Güterstandes rechtfertigt sich zwar zur Aufrechterhaltung eines von den Parteien geschlossenen Ehevertrages. Für den gesetzlichen Güterstand ist das Prinzip dagegen nicht überzeugend. Wenn die in national gebundenen Familientraditionen viel stärker verwurzelten persönlichen Ehewirkungen wandelbar sind, so muß das erst recht für die vermögensrechtlichen Ehewirkungen gelten.

Das Abgehen vom Prinzip der Unwandelbarkeit des Güterstandes ist also gerechtfertigt. Doch sind *Vorkehrungen für die Aufrechterhaltung von Güterrechtsverträgen* zu treffen. Daher wird durch das Abgehen von der Unwandelbarkeit des Güterstandes der folgende § B erforderlich, welcher keine Entsprechung im bisherigen deutschen internationalen Privatrecht findet:

§ B

Wird für die Wirkungen der Ehe deutsches Recht maßgebend, so gilt, falls ein Güterstand vereinbart war, für diesen das bisherige Recht weiter.

In dieser Vorschrift wird die *Aufrechterhaltung der nach ausländischem Recht geschlossenen Güterrechtsverträge* für den Fall vorgesehen, daß zufolge eines Wechsels der nach § A maßgebenden Anknüpfungspunkte deutsches Recht Ehewirkungsstatut wird. Die Vorschrift ist eine *einseitige* und beschränkt sich auf den *Fall des Statutenwechsels zum deutschen Recht;* sie bestimmt nichts darüber, was zu gelten hat, wenn ein ausländisches Recht maßgebend wird. Dem liegt die Auffassung zugrunde, daß nur das neue Ehewirkungsstatut selbst die Aufrechterhaltung ausländischer Güterrechtsverträge bestimmen kann.

§ C

Unter Streichung von § 1409 Abs. 2 n. F. BGB:

(1) Hat einer der Ehegatten, für deren Güterstand deutsches Recht gilt, seinen gewöhnlichen Aufenthalt im Ausland, so können die Ehegatten auch einen dort geltenden Güterstand vereinbaren.

(2) Hat einer der Ehegatten, für deren Güterstand ausländisches Recht gilt, seinen gewöhnlichen Aufenthalt im Inland, so können die Ehegatten auch einen Güterstand des deutschen Rechtes vereinbaren.

Anpassung an das Güterrecht des Aufenthaltsorts

Die Vorschrift faßt zwei innerlich miteinander zusammenhängende Vorschriften, welche bisher an verschiedenen Stellen des Gesetzes stehen (§ 1409 Abs. 2 BGB; Art. 15 Abs. 2 letzter Halbsatz EGBGB), zu einer einheitlichen Vorschrift zusammen. Beide dienen der *Anpassung des Güterstandes der Ehegatten an das Recht des Aufenthaltsortes eines der Ehegatten.*

Abs. 1 der Vorschrift bringt den Inhalt von § 1409 Abs. 2 BGB in neuer und verbesserter Fassung. Um die bekannten Schwierigkeiten auszuschalten, welche sich aus dem nicht überall einheitlichen Rechtsbegriff des Wohnsitzes ergeben, soll – ebenso wie im Abs. 2 – nicht der Wohnsitz, sondern der *gewöhnliche Aufenthalt eines der Ehegatten im Ausland* der Anlaß sein, aus welchem auch das Güterrecht dieses Aufenthaltsortes vereinbart werden kann. Das rechtfertigt sich um so mehr, als nicht nur der Wohnsitz, sondern auch der gewöhnliche Aufenthalt im Ausland ein hinreichender Grund ist, sich dem Güterrecht dieses Landes anzupassen.

Abs. 2 der Vorschrift gibt Eheleuten, welche unter ausländischem Güterrecht leben, die *Möglichkeit, sich dem deutschen Güterrecht anzupassen.* Auch hier muß – im Gegensatz zu Art. 15 Abs. 2 EGBGB – der inländische gewöhnliche Aufenthalt genügen, um deutsches Güterrecht vereinbaren zu dürfen.

§ D

(1) Gilt für den Güterstand ausländisches Recht und hat einer der Ehegatten seinen gewöhnlichen Aufenthalt oder einen Gewerbebetrieb im Inland, so ist § 1412 BGB entsprechend anzuwenden; der ausländische gesetzliche Güterstand steht einem vertragsmäßigen gleich.

(2) Auf im Inland abgeschlossene Rechtsgeschäfte ist § 1357 BGB, auf im Inland befindliche bewegliche Sachen § 1362 BGB, auf ein im Inland betriebenes Erwerbsgeschäft § 1456 BGB sinngemäß anzuwenden, soweit diese Vorschriften Dritten günstiger sind als die ausländischen Gesetze.

Unter Abänderung von § 1558 Abs. 1 n. F. BGB:

(3) Die Eintragungen in das Güterrechtsregister haben bei dem Amtsgericht zu geschehen, in dessen Bezirk der Mann seinen gewöhnlichen Aufenthalt hat. Hat der Mann keinen gewöhnlichen Aufenthalt im Inland, so können die Eintragungen in das Güterrechtsregister am gewöhnlichen Aufenthalt der Frau erfolgen. Art. 4 EGHGB bleibt unberührt.

Verkehrsschutz

Die Kommission glaubt trotz der verhältnismäßig geringen praktischen Bedeutung des bisherigen Art. 16 EGBGB die darin enthaltenen Vorschriften über den *Schutz des inländischen Rechtsverkehrs aufrechterhalten* zu sollen. Dabei ist gleichzeitig eine Zusammenfassung mit dem güterrechtlichen Inhalt der weitgehend gleichlautenden Vorschrift des *§ 11 a GewO* erforderlich. Diese Zusammenfassung erfolgt dadurch, daß in § D Abs. 1 auch *auf den inländischen Gewerbebetrieb* Rücksicht genommen wird.

Der Verkehrsschutz erfordert nach wie vor, daß Ehegatten ihren ausländischen Güterstand Dritten im Inland nur dann entgegenhalten können, wenn der Güterstand *im Güterrechtsregister eingetragen* ist. Das muß zur Verbesserung des inländischen Verkehrsschutzes schon dann gelten, wenn nicht – wie bisher – *beide* Eheleute den *Wohnsitz* im Inland haben, sondern schon dann, wenn *nur einer* von ihnen den *gewöhnlichen Aufenthalt im Inland* hat. Andererseits muß den Eheleuten dann auch die Möglichkeit gegeben werden, ihren Güterstand durch Eintragung im Güterrechtsregister Dritten gegenüber zur Geltung zu bringen. Dazu bedarf es *erweiterter Zuständigkeiten für das Registergericht.* Dem dient der vorgeschlagene § D *Abs. 3.* Bisher ist für das Güterrechtsregister nach § 1558 BGB nur das Amtsgericht am Wohnsitz des Mannes zuständig. Da die Frau jetzt auch nach deutschem Recht einen selbständigen Wohnsitz haben kann, besteht schon aus diesem Grund ein wirtschaftliches Bedürfnis dafür, eine Zuständigkeit auch für die Frau allein zu geben. Wenn der Verkehrsschutz im übrigen künftig schon an den gewöhnlichen Aufenthalt im Inland angeknüpft wird, muß die Zuständigkeit des Registergerichts sich künftig nicht mehr nach dem Wohnsitz, sondern dem *gewöhnlichen Aufenthalt jedes der Ehegatten* richten.

Verbesserung von Art. 16 Abs. 2 EGBGB

§ D Abs. 2 bringt den bisherigen Inhalt von § 16 Abs. 2 EGBGB in verbesserter Fassung. Die dort vorgesehene bevorzugte Anwendung deutscher Vorschriften ist nur dann sinnvoll, wenn der entsprechende Sachverhalt eine *besondere Inlandsbeziehung* aufweist. Nur auf im Inland abgeschlossene Rechtsgeschäfte ist § 1357 BGB entsprechend anzuwenden, nur auf im Inland befindliche bewegliche Sachen § 1362 BGB. An die Stelle der Anwendung des § 1405 ist jetzt § 1456 BGB zu setzen.

Ehescheidung

§ A

(1) Für die Scheidung der Ehe und für die Trennung von Tisch und Bett gilt der Reihe nach das Recht des Staates,

1. dem beide Ehegatten angehören,
2. dem beide Ehegatten während der Ehe zuletzt angehört haben, vorausgesetzt, daß einer von ihnen diesem Staat noch angehört,
3. in dem beide Ehegatten sich gewöhnlich aufhalten,
4. in dem beide Ehegatten sich während der Ehe zuletzt gewöhnlich aufgehalten haben, vorausgesetzt, daß einer von ihnen sich dort noch aufhält,
5. in dem beide Ehegatten sich aufhalten,
6. in dem beide Ehegatten sich während der Ehe zuletzt aufgehalten haben.

(2) Eine Tatsache, die sich ereignet hat, während für die Wirkungen der Ehe ein anderes Recht galt, ist nur dann ein Scheidungs- oder Trennungsgrund, wenn die Tatsache auch nach dem anderen Recht ein Scheidungs- oder Trennungsgrund ist.

Umfang der Regelung

Die Kommission hält es für richtig, nicht nur im § A, sondern durchweg (§ B, ferner bei der internationalen Zuständigkeit und bei der Anerkennung ausländischer Entscheidungen) außer der Scheidung auch die *Trennung von Tisch und Bett* zu regeln. Seit einer frühen Plenarentscheidung des Reichsgerichts (RGZ 55, 345) werden nach ausländischem Recht ausgesprochene Trennungen von Tisch und Bett in Deutschland nicht mehr ausgesprochen. Das hat sich nicht bewährt und zu praktischen Schwierigkeiten geführt (z. B. RGZ 150, 283). Die Trennung ist gegenüber der Scheidung ein Minus, und daher sollte auf sie erkannt werden, wenn das anwendbare ausländische Recht sie vorschreibt.

Anknüpfungsmomente

§ A Abs. 1 wählt dieselben Anknüpfungen, die für die persönlichen Ehewirkungen und im Grundsatz für das Ehegüterrecht vorgeschlagen werden. Die Gründe für diese Anknüpfungen sind bereits dargelegt worden. Persönliche Ehewirkungen einerseits, Scheidung und Trennung andererseits gleich anzuknüpfen, hat den von Schrifttum und Rechtsprechung wiederholt betonten Vorteil, daß die Pflichten der Eheleute gegeneinander und die Folgen von Pflichtverletzungen für den Status der Eheleute (Scheidung, Trennung, unveränderter Fortbestand der Ehe) von derselben Rechtsordnung geregelt werden.

Maßgeblicher Zeitpunkt

Nach Art. 17 Abs. 1 EGBGB kommt es an auf die Staatsangehörigkeit des Mannes bei Erhebung der *Scheidungsklage*. Nach Art. 17 Abs. 3 entscheidet bei Klagen der deutschen Frau der Zeitpunkt, in dem die *Entscheidung ergeht*. Die Verschiedenheit der Zeitpunkte hat zu einer Streitfrage geführt. Ob aber allgemein der Klage- oder der Urteilszeitpunkt vorzuziehen ist, kann noch nicht als hinreichend geklärt angesehen werden und sollte der Entwicklung von Schrifttum und Rechtsprechung überlassen bleiben. Die Kommission hat daher auf die Festlegung eines Zeitpunktes verzichtet.

Statutenwechsel

Gleich, welches genau der maßgebende Zeitpunkt ist (Klage oder Urteil), regelt § A Abs. 2 den Wechsel des Scheidungs- und Trennungsstatuts in demselben Sinn wie jetzt Art. 17 Abs. 2 EGBGB. Diese Vorschrift kann selbstverständlich erscheinen und deswegen war innerhalb der Kommission vorgeschlagen worden, sie fortzulassen. Die Mehrheit hielt jedoch der Klarheit wegen einen Gesetzesausspruch für nützlich.

§ B

(1) Können die Ehegatten nach der gemäß § A maßgebenden Rechtsordnung nicht geschieden oder von Tisch und Bett getrennt werden, ist dies dagegen möglich nach dem Recht des Staates, dem ein Ehegatte bei der Eheschließung angehört hat, so ist dieses Recht anzuwenden. Das gilt nicht, wenn der Ehegatte seine Staatsangehörigkeit aus Gründen aufgegeben hat, die nicht mit der Ehe zusammenhängen.

(2) Ist die Scheidung oder Trennung auch nach dem Recht des Staates möglich, dem der andere Ehegatte angehört hat, so sind beide Rechtsordnungen anzuwenden.

§ B ist hervorgegangen aus Art. 17 Abs. 3 EGBGB, jedoch mit wesentlichen Änderungen.

Gleichberechtigung

Art. 17 Abs. 3 EGBGB schützt nur die *Frau,* nicht den Mann. Der Mann braucht nicht geschützt zu werden, weil nach Art. 17 Abs. 1 sein Heimatrecht über die Scheidung bestimmt. Nach § A des Entwurfs ist das anders: es kann das letzte gemeinsame Heimatrecht maßgebend sein, mithin das Recht eines Staates, dem der Mann nicht mehr angehört (§ A Abs. 1 Nr. 2), oder es kann Aufenthaltsrecht gelten (§ A Abs. 1 Nr. 3–6). Deswegen tritt jetzt an Stelle der Frau „ein Ehegatte".

Praktisch wird die Neuregelung vor allem für Deutsche und für Männer aus anderen scheidungsfreundlichen Staaten, die sich beruflich in Ländern mit katholischem Eherecht aufhalten und dort eine Frau aus dem Lande heiraten: wenn die Frau ihre Staatsangehörigkeit behält (wie oft), ist Ehewirkungsstatut und Ehescheidungsstatut das Recht des gewöhnlichen oder letzten gewöhnlichen Aufenthalts im selben Staate, folglich ein Recht, das die Scheidung verbietet.

Allseitige Kollisionsnorm

Art. 17 Abs. 3 schützt nur *inländische* Frauen. In Deutschland und anderen Staaten (z. B. in Frankreich und England) hat es sich als nötig erwiesen, einheimischen Frauen, deren Ehen mit Ausländern gescheitert sind, nach inländischem Recht den Weg ins Freie zu öffnen. Was aber der inländischen Frau recht ist, sollte der ausländischen billig sein, und dasselbe gilt für die Männer: die Kommission hat durchweg einseitige Ausdehnungen des deutschen Rechts verworfen. § B ist daher allseitig gefaßt.

Antrittsrecht

Art. 17 Abs. 3 EGBGB hat sich entschieden für die *gegenwärtige* Staatsangehörigkeit (der deutschen Frau). Das befriedigt jedoch nicht. Verläßt z. B. eine gebürtige Italienerin, die einen Italiener geheiratet und mit ihm in Italien gelebt hat, ihren Mann und wird Deutsche oder Französin, oder ist es der Mann, der Deutscher oder Franzose wird, so sollte das nicht die Ehe scheidbar machen. Schutz nach Heimatrecht tut vielmehr nur dann not, wenn ein Gatte, der meist mit den Vorstellungen heiratet, die in seinem Heimatstaat üblich sind, nachher enttäuscht wird. Wie die Gültigkeit der Ehe vom Heimatrecht bei Heirat abhängt, sollte daher auch die Auflösung der Ehe (Scheidung oder Trennung) nach dem Recht möglich sein, unter dem die Ehe angetreten ist *(An-*

trittsrecht). Deswegen stellt § B Abs. 1 Satz 1 auf die Staatsangehörigkeit *bei Heirat* ab.

Eine *Einschränkung* enthält § B Abs. 1 Satz 2. Nach Ansicht der Kommission besteht kein hinreichender Grund, auf das Antrittsrecht zurückzugreifen, wenn ein Gatte sich von seinem Heimatstaat bei Heirat *losgesagt* hat und wenn er dies *nicht wegen der Ehe* getan hat. Hat z. B. ein Deutscher eine Brasilianerin in Rio de Janeiro geheiratet, hat er sie später verlassen und in Kanada Wohnsitz und Staatsangehörigkeit erworben, dann braucht man ihm nicht mehr nach deutschem Recht die Scheidung zu ermöglichen. Der maßgebende Zeitpunkt, bis zu dem die Staatsangehörigkeit beibehalten sein muß (Klageerhebung oder Urteilsverkündung), ist wie in den Fällen des § A offengelassen worden aus den Gründen, die schon zu § A dargelegt worden sind.

Allerdings sollte die Abkehr vom Heimatstaat bei Heirat den Verlust des Antrittsrechts für Scheidung und Trennung nur dann nach sich ziehen, wenn sie „aus Gründen ..., die *nicht mit der Ehe zusammenhängen*" erfolgt ist. Die Formel ist nicht ganz scharf, die Kommission hat jedoch keine bessere gefunden. Oft nimmt ein Gatte, der im Lande des anderen lebt, dessen Staatsangehörigkeit an, oder beide wandern gemeinsam aus und erwerben die Staatsangehörigkeit des neuen Landes. Das sind Staatswechsel, die die Ehe mit sich bringt. Anders, wenn ein Gatte, der nichts mehr mit dem anderen zu tun haben will, auf eigene Faust und im eigenen Interesse den Staat wechselt: ihm sein Antrittsrecht offenzuhalten, erscheint nicht nötig.

Parteistellung im Prozeß

Art. 17 Abs. 3 gibt nur der *klagenden* deutschen Frau das deutsche Scheidungsrecht. Der Grund, aus dem das Antrittsrecht gewährt wird, könnte in der Tat für eine Beschränkung auf Klage oder Widerklage des Geschützten sprechen. Indessen ist *gleiches Recht in der Ehe* anzustreben. Dies ist grundsätzlich auch bei der Heirat verwirklicht, bei der Gültigkeitsmängel nach dem Recht eines Gatten dem anderen, der auf Beseitigung der Ehe klagt, zustatten kommen. Der Vorteil des Antrittsrechts kann daher auch nachteilig werden. Daher kann nicht nur der Deutsche, der in Rio eine Brasilianerin geheiratet hat, sondern auch die Brasilianerin nach deutschem Recht eine Scheidung erwirken.

Subsidiarität des Antrittsrechts

Das Antrittsrecht soll nach Ansicht der Kommission nur subsidiär gelten, nämlich dann, wenn das nach § A grundsätzlich maßgebende Recht die beantragte Scheidung oder Trennung verbietet.

Kumulation von Antrittsrechten

Da das Antrittsrecht nur subsidiär hinter dem grundsätzlichen Scheidungs- und Trennungsstatut (§ A) zum Zuge kommt, braucht insoweit keine Vorsorge für die Herrschaft mehr als eines Statuts getroffen zu werden. Anders ist es jedoch, wenn das nach § A grundsätzlich geltende Scheidungs- und Trennungsstatut zurücktritt, weil es die beantragte Scheidung oder Trennung versagt. Dann können sehr wohl die Antrittsrechte beider Gatten die erstrebte Scheidung oder Trennung gewähren und daher anwendbar sein. § B Abs. 2 führt die Gleichrangigkeit beider Antrittsrechte folgerichtig durch. Es muß dann *nach beiden Rechten geschieden oder getrennt* werden.

Nebenfolgen der Scheidung und Trennung

Viel schwieriger ist eine Entscheidung der Frage, welches Recht in solchem Fall über die *Nebenfolgen* der Scheidung oder Trennung bestimmt. Über die Nebenfolgen der Scheidung hat schon Art. 17 EGBGB nichts gesagt (gleich ob nach Art. 17 Abs. 1 oder nach Art 17 Abs. 3 oder auf Klage und Widerklage nach beiden Rechten geschieden wird) und teilweise herrscht Streit (z. B. für das Namensrecht der geschiedenen Frau). Die Kommission hat geglaubt, hier auch dem künftigen Gesetzgeber Zurückhaltung empfehlen zu sollen: es bedarf noch weiterer Klärung in Rechtsprechung und Lehre.

Keine Mitsprache deutschen Rechts

Art. 17 Abs. 4 EGBGB, nach dem bei einer Inlandsscheidung ein Scheidungsgrund auch nach deutschem Recht vorliegen muß, ist von der Kommission nicht übernommen worden. Da Deutschland ein ziemlich weitgehendes Scheidungsrecht besitzt, hat die Vorschrift keine große praktische Bedeutung. Anwendungsfälle sind etwa die einverständliche Scheidung und aus dem moslemischen Recht die einseitige Verstoßung. Die Generalklausel des Art. 30 EGBGB (ordre public) reicht völlig aus, und man vermeidet dem Ausland gegenüber den Anschein zu starker Betonung des eigenen Rechts.

Internationale Zuständigkeit

(1) Für Klagen auf Scheidung, Aufhebung oder Nichtigerklärung einer Ehe, auf Trennung von Tisch und Bett, auf Feststellung des Bestehens oder Nichtbestehens einer Ehe zwischen den Parteien, auf Herstellung des ehelichen Lebens (Ehesachen) oder wegen Unterhalts auf Grund der Ehe sind die deutschen Gerichte international zuständig, wenn ein Ehegatte

1. sich in Deutschland gewöhnlich aufhält oder
2. falls er sich nirgends gewöhnlich aufhält, sich in Deutschland aufhält oder
3. Deutscher ist.

(2) Die deutschen Gerichte sind auch dann international zuständig, wenn ein Ehegatte zur Zeit der Eheschließung Deutscher gewesen ist. Das gilt nicht, wenn der Ehegatte diese Staatsangehörigkeit aus Gründen aufgegeben hat, die nicht mit der Ehe zusammenhängen.

Umfang der Regelung

Die Kommission empfiehlt, *internationale und örtliche Zuständigkeit zu trennen.* Für beide gelten zum Teil verschiedene Gesichtspunkte. Die bisherige Verquickung beider in §§ 606–606 b ZPO ist nur mit Mühe zu verstehen. Ihrer Aufgabe entsprechend, unterbreitet die Kommission einen Vorschlag nur für die *internationale* Zuständigkeit.

In sachlicher Hinsicht mußte die *Trennung von Tisch und Bett* einbezogen werden, nachdem sie im Entwurf internationalprivatrechtlich der Scheidung gleichgestellt worden ist. Zweckmäßig erschien außerdem die Einbeziehung von *Unterhaltsprozessen* während der Ehe (mit oder ohne Trennung) und nach der Scheidung. Nur die internationale Zuständigkeit für Unterhaltsklagen wird dadurch geändert, nicht die örtliche und sachliche Zuständigkeit und nicht die Art des Verfahrens.

Die vorgeschlagene gesetzliche Bestimmung regelt allein die internationale Zuständigkeit *deutscher Gerichte.* Die Regelung ist zwar als *allseitige* gemeint. Aber die Kommission wollte der Tatsache Rechnung tragen, daß allseitige Zuständigkeitsnormen oft dahin mißverstanden werden, als sollte ausländischen Gerichten etwas vorgeschrieben werden. In Wirklichkeit wird nur eine Voraussetzung geregelt für die Inlandswirkungen der Tätigkeit ausländischer Gerichte, insbesondere für die Anerkennung ausländischer Entscheidungen und für die Rechtshängigkeitswirkung ausländischer Verfahren.

Anknüpfungsmomente

Abs. 1 Nr. 1: Gewöhnlicher Aufenthalt eines Gatten

Die Anknüpfung an den gewöhnlichen Aufenthalt eines Gatten im Inland entspricht dem geltenden Recht mit einer Ausnahme: für die internationale Zuständigkeit deutscher Gerichte, wenn beide Gatten Ausländer sind, kommt es (entgegen § 606 b Nr. 1 ZPO) *nicht mehr* auf die *Anerkennung durch den Heimatstaat des Mannes* an. Das Heimatrecht des Mannes war schon bisher maßgebend nur für persönliche Ehewirkungen und Scheidung und entscheidet nach dem Vorschlag der Kommission auch hier nicht mehr allein. Hinkende Ehen haben in der Praxis nicht zu den Schwierigkeiten geführt, die häufig angenommen werden. Sie lassen sich zudem gar nicht vermeiden. Denn mag man mit dem Heimatstaat des Mannes noch Einklang erzielen, dann besteht doch keine Gewähr dafür, daß das deutsche Urteil auch im Heimatstaat der Frau und in anderen Staaten anerkannt wird. Daher müssen prozessuale Bedürfnisse vorgehen.

Auf die in *§ 606 a ZPO* enthaltene Regelung sollte nach Ansicht der Kommission (die, wie bemerkt, ihren Vorschlag als allseitige Kollisionsnorm versteht) verzichtet werden.

Die Kommission hat eingehend darüber beraten, ob für den gewöhnlichen Aufenthalt im Entscheidungsstaat eine *Frist* zu fordern sei, etwa sechs Monate oder ein Jahr. Dagegen sprach überwiegend, daß oft Eile geboten ist und daß man Zuständigkeitserschleichungen auch durch Fristerfordernisse nicht ausschaltet (vgl. z. B. die Scheidungen in Nevada, USA).

Abs. 1 Nr. 2: Schlichter Aufenthalt eines Gatten

Die Zulassung des schlichten Aufenthalts eines Gatten, falls er sich nirgends gewöhnlich aufhält, ist neu, aber nach Ansicht der Kommission zweckmäßig. Eine bestimmte Aufenthalts*frist* zu fordern, erschien aus denselben Gründen wie beim gewöhnlichen Aufenthalt (Abs. 1 Nr. 1) untunlich.

Abs. 1 Nr. 3: Staatsangehörigkeit

Daß bei deutscher Staatsangehörigkeit eines Gatten deutsche Gerichte international zuständig sind, entspricht schon dem geltenden Recht (§ 606 Abs. 3 ZPO). Entsprechend sollten die Gerichte eines ausländischen Staats international zuständig sein, wenn ein Gatte diesem Staat angehört. Dabei sollte entgegen § 606 a Nr. 1 gleichgültig sein, ob dies der Kläger oder der Beklagte ist; andererseits sollte bei Ausländern nur dem *Heimat*staat internationale Zuständigkeit eingeräumt werden.

Abs. 2: Antrittsrecht

Dem Antrittsrecht im IPR entspricht die Antrittszuständigkeit im internationalen Zivilprozeßrecht, d. h. die internationale Zuständigkeit der Gerichte des Staates, dem ein Gatte bei Heirat angehört hat (Antrittsstaat). Wie das Antrittsrecht aus Art. 17 Abs. 3 EGBGB entwickelt worden ist, so die internationale Zuständigkeit der Gerichte des Antrittsstaats aus § 606 b Nr. 2. Allerdings begünstigt § 606 b Nr. 2 nur die früher deutsche Frau und auch sie nur, wenn sie auf Aufhebung oder Nichtigerklärung der Ehe, auf Feststellung des Bestehens oder Nichtbestehens der Ehe klagt (außerdem gilt die Vorschrift, wenn der Staatsanwalt auf Nichtigerklärung der Ehe klagt). Dagegen gilt Abs. 2 der hier vorgeschlagenen Bestimmung über die internationale Zuständigkeit zugunsten beider Gatten, ohne Rücksicht auf Kläger- oder Beklagtenstellung und in allen Ehesachen sowie in Prozessen wegen Unterhalts auf Grund der Ehe. Andererseits ist (entgegen § 606 b Nr. 2) eine Einschränkung zugefügt, die wörtlich dem § B Abs. 1 Satz 2 der internationalprivatrechtlichen Scheidungs- und Trennungsregelung entspricht: die Staatsangehörigkeit bei Heirat darf nicht aus Gründen aufgegeben sein, die mit der Ehe nicht zusammenhängen. Rechtspolitischer Grund für die vorgeschlagene Antrittszuständigkeit ist: die Gerichte des Staats, unter dessen Recht ein Gatte die Ehe angefangen hat, sollen zuständig sein, die Ehe gegebenenfalls wieder zu lösen. Der Gedanke des gleichen Rechts in der Ehe führt dann dazu, diesen Gerichtsstand auch dem anderen Gatten zu eröffnen. Es liegt hier wie im Fall der internationalen Zuständigkeit wegen *gegenwärtiger* Staatsangehörigkeit eines Gatten (Abs. 1 Nr. 3). Nur wird in beiden Fällen ein Gatte von der internationalen Zuständigkeit der Gerichte des Heimatstaats des anderen Gatten selten Gebrauch machen.

Anerkennung ausländischer Entscheidungen in Ehesachen

Die Anerkennung einer ausländischen Entscheidung in Ehesachen und über den Unterhalt auf Grund der Ehe ist ausgeschlossen:

1. wenn die Gerichte des Staates, dem das ausländische Gericht angehört, nach deutschem Recht nicht zuständig sind;
2. wenn der unterlegene Ehegatte ein Deutscher ist und sich auf das Verfahren nicht eingelassen hat, sofern die das Verfahren einleitende Ladung oder Verfügung ihm weder in Person noch durch Gewährung deutscher Rechtshilfe zugestellt ist;
3. wenn die Anerkennung der Entscheidung gegen die guten Sitten oder gegen den Zweck eines deutschen Gesetzes verstößt.

Umfang der Regelung

Nach Ansicht der Kommission empfiehlt es sich, die Redeweise des § 24 der 4. DVO EheG zu übernehmen und künftig statt von der Anerkennung von „Urteilen" weitergreifend von der *Anerkennung von „Entscheidungen"* zu sprechen. Damit wird unzweideutig ausgedrückt, daß es auf die Bezeichnung des ausländischen Aktes nicht ankommen soll.

Auf der anderen Seite will die Kommission den Ausdruck „Entscheidungen" nicht zu allgemein verstanden wissen. Nicht darunter fallen sollen Entscheidungen, die durch Gesetz oder Verwaltungsakt getroffen werden, da für die Anerkennung dieser Gruppe zum Teil andere Gesichtspunkte gelten. Hier erscheint eine besondere Regelung nicht erforderlich.

Angebracht erschien es der Kommission dagegen, in Abs. 1 des Entwurfs auch *Unterhaltsentscheidungen in Ehesachen* aufzunehmen. Diese Regelung entspricht dem Vorschlag über die internationale Zuständigkeit der deutschen Gerichte. Die Erwägungen, die dort für eine Berücksichtigung des Unterhaltsurteils „auf Grund der Ehe" sprechen, müssen in gleicher Weise auch für das Anerkennungsverfahren maßgebend sein.

Voraussetzungen der Anerkennung

Im Gegensatz zu § 328 ZPO werden im Text des Entwurfs *nur noch drei Anerkennungsvoraussetzungen* ausdrücklich aufgeführt.

1. Internationale Zuständigkeit

Was die an erster Stelle genannte Voraussetzung der internationalen Zuständigkeit des ausländischen Gerichts angeht, so bleibt es – abgesehen von einer kleinen Änderung („nach deutschem Recht" statt „nach den deutschen Gesetzen") – bei dem Text des § 328 Ziff. 1 ZPO. Auch künftig wird also nur gesagt, *daß* die ausländischen Gerichte auch nach deutschem Recht zuständig sein müssen, dagegen nichts darüber, *wann* dies der Fall ist. Der Gesetzgeber sollte sich hier eine Zurückhaltung auferlegen, weil es sonst so aussehen könnte, als ob ein deutsches Gesetz ausländischen Gerichten Zuständigkeit verleihen wolle. Ungeachtet des Fehlens einer dahingehenden ausdrücklichen Regelung ist die Kommission jedoch in Übereinstimmung mit der bisherigen Praxis der Ansicht, daß auch in Zukunft die Frage, ob die ausländischen Gerichte zuständig sind oder nicht, *in analoger Anwendung der Vorschriften über die Zuständigkeit der inländischen Gerichte zu beantworten* sein wird. Wie schon in der Begründung des vorigen Paragraphen über die internationale Zuständigkeit ausgeführt, sollen diese Vorschriften also, obwohl absichtlich als einseitige Kollisionsnormen gefaßt, doch als allseitige gemeint sein. Für das Anerkennungsverfahren folgt hieraus weiter, daß eine dem § 606 a ZPO entsprechende Bestimmung fortfallen sollte.

Wegen der Überlegungen, die der Ausgestaltung des vorhergehenden Paragraphen im einzelnen zugrunde liegen, wird auf die dazu gegebene Begründung verwiesen. Insbesondere wird auf die Erwägungen Bezug genommen, die dazu geführt haben, in den Fällen von Ehegatten mit Aufenthaltsorten in verschiedenen Staaten oder mit verschiedener

Staatsangehörigkeit nicht bloß die Gerichte des Staates, in dem sich der Beklagte aufhält, bzw. die Gerichte des Heimatstaates des Beklagten für zuständig zu erklären. Nach dem Gesagten war auf Grund der deutschen Zuständigkeitsordnung ferner die Entscheidung darüber zu treffen, ob bei der Frage nach der Zuständigkeit des Gerichts des Aufenthaltsstaates auf die Einstellung des Heimatstaates Rücksicht zu nehmen ist. Da die Kommission in folgerichtiger Durchführung des Gedankens, daß das Staatsangehörigkeitsprinzip in der bisher praktizierten starren Form nicht mehr zeitgemäß ist, diese Frage bei der Ermittlung der inländischen Zuständigkeit verneint hat, muß bei der Ermittlung der Zuständigkeit ausländischer Gerichte diese Frage ebenfalls verneint werden. Dabei muß es auch hier gleichgültig sein, aus welchen Gründen der Heimatstaat der im Aufenthaltsstaat ergangenen Entscheidung die Anerkennung verweigert. Auch im Rahmen des Anerkennungsverfahrens sind demnach die Fälle, in denen der Heimatstaat für seine eigenen Staatsangehörigen eine ausschließliche Zuständigkeit in Anspruch nimmt, denen gleichzusetzen, in denen er statt der Gerichte des nach dem Entwurf primär zuständigen Aufenthaltsstaates die Gerichte eines anderen Staates für zuständig erklärt, z. B. bei getrennt lebenden Ehegatten nur die Gerichte des Staates, in dem die Ehegatten ihren letzten gemeinsamen Aufenthalt gehabt haben. Ebensowenig wie bei der Ermittlung der inländischen Zuständigkeit muß es schließlich auch bei der Ermittlung der Zuständigkeit der Gerichte des Aufenthaltsstaates darauf ankommen, ob der Heimatstaat den Entscheidungen der Gerichte des Aufenthaltsstaates nicht mit Rücksicht auf seine Zuständigkeitsordnung, sondern aus Gründen seines *materiellen* Kollisionsrechts die Anerkennung verweigert. Die dadurch möglicherweise eintretende Vermehrung der hinkenden Ehen glaubt die Kommission in Kauf nehmen zu müssen. In besonders krassen Fällen kann die Vorbehaltsklausel der Ziffer 3 des Gesetzesvorschlags helfen.

2. *Schutz des Beklagten*

Die Beibehaltung einer Sondernorm für den Schutz des Beklagten im Verfahren neben der ordre-public-Klausel der Ziff. 3 des Entwurfs erschien der Kommission zweckmäßig. Davon, diese Vorschrift zu einer allseitigen, Inländer wie Ausländer erfassenden Norm auszubauen, wird abgesehen. Bei unbilligen Versäumnisentscheidungen, die Ausländer betreffen, soll also wie bisher eine Versagung der Anerkennung nur auf Grund der Ziff. 3 möglich sein.

3. *Abweichung vom deutschen IPR*

Nicht mit aufgenommen hat die Kommission in den Entwurf eine Regelung, nach der Voraussetzung für die Anerkennung die *Anwen-*

dung des „richtigen" Rechts, d. h. also die Anwendung der vom deutschen internationalen Privatrecht für maßgebend erklärten lex patriae der Ehegatten ist. Bei folgerichtiger Durchführung des Staatsangehörigkeitsprinzips müßte man auf dieser Voraussetzung bestehen, und zwar wohl nicht bloß, wie es der Gesetzgeber in § 328 Ziff. 3 ZPO getan hat, zugunsten einer deutschen Partei, sondern ganz allgemein. In dieser Weise verfährt u. a. die französische Praxis. Ebenso ist in dem Abkommen zwischen der Bundesrepublik Deutschland und Belgien über die gegenseitige Anerkennung und Vollstreckung von gerichtlichen Entscheidungen usw. jedem Vertragspartner freigestellt, in „familienrechtlichen Verhältnissen" (und einigen anderen Sachen) Entscheidungen des Gerichts des anderen Teils deswegen die Anerkennung zu versagen, „weil das Gericht, das die Entscheidung erlassen hat, nach den Regeln seines internationalen Privatrechts andere Gesetze angewendet hat, als sie nach dem internationalen Privatrecht des Staates, in dessen Hoheitsgebiet die Entscheidung geltend gemacht wird, anzuwenden gewesen wären" (Art. 2 Abs. 2 und 5 daselbst). Zugute kommen soll diese Vorschrift allerdings wieder nur den Angehörigen des Staates, in dessen Hoheitsgebiet die Entscheidung geltend gemacht wird. Die Kommission war sich darüber klar, daß ein Verzicht auf eine rechtliche Überprüfung der ausländischen Entscheidung in der genannten Hinsicht in einer Reihe von Fällen die Regelung des inländischen internationalen Privatrechts hinfällig machen kann. In Scheidungssachen können sich Unzuträglichkeiten vor allem in den Fällen ergeben, in denen Angehörige eines Staates des Staatsangehörigkeitsprinzips in einem Staate des Domizilprinzips geschieden worden sind, obwohl das Heimatrecht der Ehegatten eine Scheidung dem Bande nach überhaupt nicht zuläßt. Gleichwohl hat die Kommission auch insoweit eine *Einschränkung des Staatsangehörigkeitsprinzips* für vertretbar gehalten. Leitender Gesichtspunkt war dabei, daß bei der Anerkennung ausländischer Entscheidungen auch sonst die deutschen Kollisionsnormen außer Betracht bleiben (*Grundsatz der Eigenständigkeit des Verfahrensrechts,* vgl. Allgemeine Richtlinien 4, oben S. 8). Zudem würde die Streichung einer Vorschrift von der Art des § 328 Ziff. 3 ZPO sicherlich das Anerkennungsverfahren erheblich *vereinfachen.* In besonders liegenden Fällen kann auch hier die allgemeine Vorbehaltsklausel helfen.

4. Vorbehaltsklausel

Die Beibehaltung der allgemeinen Vorbehaltsklausel innerhalb der Vorschrift über die Anerkennung erschien der Kommission selbstverständlich. Das Bedürfnis danach muß im übrigen um so stärker sein, je mehr man entsprechend der Regelung des Entwurfs das Staatsangehörigkeitsprinzip sowohl in der Frage der internationalen Zuständigkeit als auch nach der materiellen Seite hin einschränkt.

5. *Gegenseitigkeit*

Die Frage nach der *Beibehaltung* einer Gegenseitigkeitsklausel hat die Kommission *verneint*. Die Leidtragenden einer solchen Klausel sind regelmäßig die deutschen Staatsangehörigen, die mangels Anerkennung der von ihnen im Ausland erwirkten Entscheidung den Prozeß in Deutschland noch einmal beginnen müssen. Die Entscheidung über die Streichung dieser Klausel fiel der Kommission um so leichter, als der Entwurf ganz allgemein das Interesse der beteiligten Parteien stärker betont als das Interesse der beteiligten Staaten. Berücksichtigt wurde ferner, daß die Praxis auf Grund des § 24 der 4. DVO EheG bereits heute weitgehend auf das Erfordernis des Gegenrechts verzichtet.

Das internationale Privatrecht der Eheschließung

Von HORST MÜLLER, Freiburg i. Br.

(vorgelegt 1955)

I

Art. 13 EGBGB bestimmt in Abs. 1, nach welchem Recht die Eingehung einer Ehe zu beurteilen ist. Dabei wird nicht zwischen sachlich-rechtlichen und Formvorschriften unterschieden. Abs. 3 regelt als Ausnahme davon die Frage, in welcher Form Ausländer eine Ehe in Deutschland schließen müssen. Abs. 2 behandelt den Sonderfall, daß ein Ausländer nach deutschem Recht (§ 12 VerschG) für tot erklärt ist und seine Ehefrau wieder heiratet.

II

1. *Abs. 1* unterscheidet zwei Fälle: a) Die Ehe wird im Inland oder im Ausland geschlossen und mindestens einer der Verlobten ist Deutscher. b) Die Ehe wird im Inland geschlossen. Nicht geregelt ist der Fall, daß die Ehe im Ausland geschlossen wird und keiner der Verlobten Deutscher ist. Es handelt sich dabei um die übliche Fassung der Kollisionsnormen im EGBGB. Die Norm ist zwar nicht eine bloß einseitige, wohl aber eine unvollkommene zweiseitige. Es ist unstreitig, daß sie in der Anwendung zu einer allseitigen zu erweitern ist, wie sie es auch im ersten Gebhardschen Entwurf war. Sie besagt: Die Eingehung der Ehe ist in Ansehung eines jeden der Verlobten nach den Gesetzen des Staates zu beurteilen, dem er angehört.

2. Anknüpfungspunkt ist also die Person jedes der Verlobten, Anknüpfungsmittel dem System unseres EGBGB entsprechend die Staatsangehörigkeit. Die so gefundene Rechtsordnung ergibt nicht nur, ob eine beabsichtigte Eheschließung zulässig, sondern auch, ob eine bereits abgeschlossene Ehe gültig, nichtig, anfechtbar oder aufhebbar ist. Dem Heimatrecht sind stets die sachlich-rechtlichen Normen (Ehefähigkeit, Ehehindernisse) und grundsätzlich auch die Formvorschriften zu entnehmen. Es kann dahingestellt bleiben, ob Art. 13 Abs. 1 auch die

Form regelt oder insoweit Art. 11 Abs. 1 Satz 1 voraussetzt. Wegen der Form bestehen aber zwei Ausnahmen: a) Bei Eheschließungen im Ausland genügt die Ortsform (Art. 11 Abs. 1 Satz 2). b) In Deutschland kann nur in deutscher Form geheiratet werden (Art. 13 Abs. 3).

3. Soll man diese Anknüpfung beibehalten? Als Anknüpfungspunkt kommt nur die Person der Beteiligten oder die Handlung (Eheschließungsakt) in Frage. Knüpft man an die Handlung an, so ist für Form und sachlich-rechtliche Voraussetzungen das Recht des Ortes maßgebend, an dem die Eheschließung erfolgt. Das ist bequem für das öffentliche Organ (Standesämter), das bei der Eheschließung mitzuwirken hat. Dieses braucht sich nur um sein heimisches Recht zu kümmern. Den gleichen Vorteil hat der Richter, der nachträglich eine in seinem Land vorgenommene Eheschließung zu beurteilen hat. Hat aber ein Richter nachträglich über eine im Ausland vorgenommene Eheschließung zu entscheiden, so besteht dieser Vorteil nicht. Für den Standesbeamten ist auch bei der Regelung des EGBGB die Eheschließung von Ausländern nicht so schwierig, wie es nach Art. 13 scheinen möchte. In den meisten Fällen wird ihm die Prüfung des ausländischen Sachrechts durch das Ehefähigkeitszeugnis erspart, das er nach § 10 EheG zu fordern hat. Wird aber von diesem Zeugnis Befreiung bewilligt, so prüft schon die bewilligende Behörde, ob die Eheschließung zulässig ist. Die Anknüpfung an den Ort der Eheschließung hat international nur dann Sinn, wenn damit zu rechnen ist, daß fremde Staaten, insbesondere der Heimatstaat, eine Eheschließung nach der lex loci actus anerkennen. Das ist aber in weitem Umfang nicht der Fall. Verbreitet ist diese Anknüpfung nur in Amerika, insbesondere auch in Staaten der USA. Sie findet sich ferner in den früheren Burenrepubliken, in Europa nur in der Schweiz; hier jedoch nur für Ehen, die im Ausland geschlossen werden und auch dann nur, wenn die Ehe nach dem Kollisionsrecht des Abschlußortes gültig ist. Freilich wird sehr häufig die Ehe am Wohnsitz eines oder beider Verlobten abgeschlossen, so daß in Wahrheit doch an die Person angeknüpft wird. Dieser Gedanke findet klaren Ausdruck in der nordischen Konvention von 1931, auf die noch zurückzukommen ist. Aber auch da, wo der Handlungsort als solcher maßgebend ist, hindert man häufig die eigenen Staatsangehörigen durch Vorbehaltsklauseln daran, sich gänzlich dem heimischen Recht zu entziehen. Zuweilen sind gewisse Hindernisse auch bei Eheschließungen im Ausland maßgebend; zuweilen finden sich ausdrückliche Vorschriften gegen Umgehungsversuche. Das frühere lettische Recht kam schließlich zu der nicht gerade international gedachten Formel: Für Ehen, die in Lettland geschlossen werden, gilt lettisches Recht. Für Ehen, die Letten im Ausland schließen, gilt lettisches Recht, es sei denn, die lex loci

actus lege sich zwingende Geltung bei. Gerade umgekehrt wendet die Schweiz bei Eheschließung von Ausländern in der Schweiz das Heimatrecht jedes Verlobten, bei Eheschließungen im Ausland aber die lex loci actus an. Doch kann ein Schweizer Gericht eine im Ausland geschlossene Ehe nur dann für nichtig erklären, wenn sie auch nach Schweizer Recht ungültig ist. Die Anknüpfung an den Abschlußort ist also in der Auflösung begriffen und ist daher für die Zukunft ungeeignet. Sie geht auch sachlich nicht an die Wurzel des Problems. Wie immer im IPR handelt es sich darum, zu finden, welche Rechtsordnung ein Lebensverhältnis regeln soll. Die Rechtsordnung ist nur eine Erscheinungsform einer bestimmten sozialen Ordnung. Es gilt also diejenige soziale Ordnung zu finden, von der das Lebensverhältnis ein Teil ist. Die Eheschließung ist ein Lebensvorgang, der eine für das Leben dauernde Gemeinschaft zweier Menschen begründet. Die Ehe selbst ist wieder die Grundlage für die Familie. Diese ist das unterste und wesentlichste Glied des sozialen Organismus. Welcher das nun im Einzelfall ist, ob also die Eheschließung eines Franzosen mit einer Engländerin wegen der Staatsangehörigkeit eine französische oder englische Familie oder wegen des Wohnsitzes vielleicht eine Schweizer Familie begründet, darüber kann man zweifeln. Daß aber die Leute in Brüssel geheiratet haben, verbindet weder die Ehe noch die darauf gegründete Familie innerlich mit der in Belgien bestehenden sozialen Ordnung. Daher ist die Anknüpfung an den Ort der Eheschließung zu verwerfen.

4. a) Der Anknüpfungspunkt kann somit nur in der Person gefunden werden, weil nur diese die Ehe- und Familiengemeinschaft mit einer bestimmten sozialen Ordnung auf die Dauer verbindet. Bei der Heirat wird aber nicht nur eine neue Verbindung hergestellt, sondern es werden auch alte Bande gelöst. Einer der Verlobten mindestens gibt einen Teil seiner bisherigen sozialen Bindungen auf und tritt in einen anderen sozialen Organismus über. Dieser Tatbestand wird vernachlässigt, wenn man nur in die Zukunft sieht und das Recht des ersten ehelichen Wohnsitzes oder der nach der Eheschließung gemeinschaftlichen oder allein maßgebenden Staatsangehörigkeit eines Teils anwendet. Vielmehr erweist sich auf Grund dieser Überlegung die bisherige Regelung als richtig, daß für die Frage, ob eine Eheschließung zulässig ist, an die Person jedes Verlobten angeknüpft wird. Das Recht des Staates, mit dem er durch Wohnsitz oder Staatsangehörigkeit verbunden ist, bestimmt, ob die Ehe zulässig und wirksam ist. Das ist auch die Regelung der meisten Staaten.

Abzulehnen ist, daß das Recht nur eines der Verlobten, nämlich des Mannes, maßgebend ist, so früher das sächsische BGB § 13 schlechthin, der ungarische Entwurf von 1949, wenn der Mann Ungar ist. In der zweiten Kommission für das BGB wurde ein Antrag abgelehnt, der grundsätzlich das Personalstatut des Mannes gelten lassen wollte. Heute kommt in Deutschland eine derartige Regelung schon deswegen nicht in Betracht, weil sie gegen die Gleichberechtigung der Geschlechter (Art. 3 Abs. 2 GG) verstößt.

b) Als Anknüpfungsmittel kommen in Frage die Staatsangehörigkeit oder der Wohnsitz des Verlobten. Der Wohnsitz hat hier ein wesentlich bescheideneres Geltungsgebiet als sonst im IPR. Maßgebend ist er in verschiedenen Staaten der USA, in Peru, im estnischen Entwurf von 1936 sowie in Dänemark und Norwegen. Versteckt ist er, wie schon erwähnt, zuweilen in der Anwendung der lex loci actus. Großbritannien kann wegen seines andersartigen Domizilbegriffs nur mit Vorbehalt in diesem Zusammenhang genannt werden. Es verlangt übrigens auch, daß britische Untertanen ohne Rücksicht auf ihr Domizil gewisse Ehehindernisse des englischen Rechts beachten. Die große Mehrheit aller anderen Staaten, insbesondere in Kontinentaleuropa, knüpft mit der Staatsangehörigkeit an – die Schweiz freilich nur bei Eheschließungen innerhalb der Schweiz. Verschiedene Staaten machen ausdrücklich bei gewissen Ehehindernissen Ausnahmen zugunsten ihres ordre public, wenn die Ehe im Inland geschlossen wird oder wenn ein eigener Staatsangehöriger beteiligt ist. Solche ausdrücklichen Durchbrechungen des Staatsangehörigkeitsgrundsatzes sind nicht nachahmenswert; vgl. dazu unten V. Es mag nun sein, daß der Grundsatz der Staatsangehörigkeit in manchen europäischen Rechten, wie z. B. dem deutschen, allgemein gesehen übertrieben worden ist. Für die Eheschließung ist das nicht zuzugeben. Jemand, der im Ausland wohnt, mag in vielen Dingen, insbesondere in wirtschaftlichen Fragen, in den sozialen Organismus seines Wohnsitzlandes hineingewachsen sein. Bei der Eheschließung handelt es sich um sehr persönliche Fragen, bei denen die Vorschriften des Wohnsitzstaates dem Verlobten oft reichlich fremd sind. Schon innerhalb der europäischen Staaten bestehen erhebliche Unterschiede. Sie nehmen zu, je ferner das Wohnsitzrecht dem Heimatrecht in kultureller Beziehung steht. Daß Ausländer den darauf beruhenden Ehevorschriften unterstellt werden, ist nicht zu rechtfertigen; denn kulturell wurzeln sie eben nicht in dem Wohnsitzland. Anders liegt das, wenn tiefgreifende Unterschiede zwischen den Eherechten der beteiligten Staaten nicht bestehen, weil diese eine engere Kulturgemeinschaft bilden. Daraus erklären sich die Bestimmungen der nordischen Konvention von 1931 zwischen den drei skandinavischen Ländern, Island und Finnland. Nach diesen ist innerhalb des Konventionsgebiets das Recht des Eheschließungsortes maßgebend, falls die betreffenden Verlobten dort zwei Jahre ihren Aufenthalt haben und auch dort wohnen bleiben wollen. Nur wenn das nicht der Fall ist, gilt das Heimatrecht jedes Verlobten. Als allgemeiner Grundsatz ist diese Regelung nicht brauchbar; denn sie setzt eine engere Kultur- und Rechtsgemeinschaft voraus, wie sie zwischen den Konventionsstaaten besteht. Im Verhältnis zu anderen Staaten wenden auch die nordischen Staaten die Regelung der Konvention nicht an, sondern in Finnland und Schweden ist die Staatsangehörigkeit, in Dänemark und Norwegen der Wohnsitz maßgebend.

Grundsätzlich ist also die Regelung des Art. 13 Abs. 1 richtig. Sie ist auch, wie die Erfahrung gezeigt hat, gut zu handhaben. Zwar wird dem Standesbeamten die Pflicht auferlegt, ausländisches Recht zu prüfen. Aber diese Prüfung wird ihm, wie schon dargelegt, durch das Ehefähigkeitszeugnis abgenommen. In der praktischen Anwendung haben sich auch keine Streitfragen ergeben, die die Kollisionsnorm als undurchführbar oder schwer durchführbar erscheinen lassen oder die ungelöst geblieben sind und daher einer gesetzlichen Regelung bedürfen. Oft beziehen sich Zweifel nicht auf den Inhalt der Kollisionsnorm, sondern auf den der danach anzuwendenden Sachnorm, so etwa bei der Frage, gegen wen sich ein Eheverbot richtet.

5. *Der Wortlaut* des Art. 13 Abs. 1 wäre zu einer allseitigen Kollisionsnorm zu erweitern. Doch geschieht das zweckmäßig nur im Rahmen einer Gesamtänderung des EGBGB. Die schwerfälligen Worte „in Ansehung eines jeden Verlobten" sollten wie im österreichischen Entwurf vorgesehen, durch die ebenso verständlichen Worte „bei jedem Verlobten" ersetzt werden („bei" ist besser als „für", weil dieses an „zugunsten" anklingt).

Es ist in Deutschland immer unstreitig gewesen, daß es nur auf die Staatsangehörigkeit zur Zeit der Eheschließung ankommt, obwohl Art. 13 anders als verschiedene Artikel des EGBGB diese zeitliche Angabe nicht enthält. Es würde der Klarheit dienen, wenn man sie jetzt aufnimmt. Eine sachliche Änderung wäre damit nicht verbunden. Jedoch scheint mir die Fassung des österreichischen Entwurfs „unmittelbar vor der Eheschließung" zu sehr nach Aktendeutsch zu klingen. Die sonst im EGBGB üblichen Worte „zur Zeit der Eheschließung" besagen dasselbe.

Es bleibt insbesondere auch dabei: Für die Nichtigkeit ist das Heimatrecht zur Zeit der Eheschließung, nicht das zur Zeit der Entscheidung über eine etwaige Nichtigkeitsklage maßgebend. Anders freilich die wegen ihrer Begründung mit Recht angefochtene Entscheidung RGZ 132, 419. Durch diese ist man (z. B. Raape, Martin Wolff) auf die Frage aufmerksam geworden, ob jener Grundsatz nicht eine Ausnahme erleidet, wenn bei Wechsel der Staatsangehörigkeit der neue Staat die

Ehe als gültig ansieht. Hierbei sind mehrere Fälle zu unterscheiden: 1. der neue Staat verwirft – wie in jener Entscheidung – das Ehehindernis des früheren Staates als dem ordre public zuwiderlaufend. 2. Das Recht des neuen Staates läßt eine nachträgliche Heilung zu, die der alte Staat nicht kennt und zwar hat sich der Heilungstatbestand a) vor, b) nach dem Staatswechsel vollzogen. Die dadurch aufgeworfenen Fragen werden selten auftreten. Sie sind auch noch nicht hinreichend geklärt. Eine gesetzliche Regelung ist deshalb nicht zu empfehlen.

III

Die Form:

1. Der österreichische Entwurf sagt im Abs. 1: „Die Voraussetzungen für die Eingehung der Ehe ..... werden beurteilt." Er meint damit die sachlich-rechtlichen Voraussetzungen, während er die Form erst in Abs. 3 behandelt.

Art. 13 Abs. 1 EGBGB dagegen sagt, „die Eingehung der Ehe ..... wird beurteilt". Er umfaßt damit Form und sachliche Voraussetzung. (Vgl. dazu S. 37 f. Ziff. 2.)

2. Ergänzt wird diese Vorschrift zunächst durch Art. 11 Abs. 1 Satz 2: Es genügt die Beobachtung der Ortsform und zwar nach h.M. ohne Rücksicht auf das Heimatrecht.

Heiraten also katholische Spanier in Schweden nur standesamtlich, so ist die Ehe nach deutschem IPR gültig, obwohl sie nach spanischem Recht nichtig ist und obwohl das schwedische Recht den Verlobten die Wahl zwischen kirchlicher und weltlicher Eheschließung überläßt. Schweden wird freilich die Eheschließung als gültig erachten, Spanien aber nicht. Spanien ist jedoch das Land, das nach unserer Auffassung über die Eheschließung zu entscheiden hat. Wir verleugnen die Grundüberlegung, die uns zum spanischen Recht geführt hat, wenn wir hier der lex loci actus folgen (wie hier Raape). Das ist auch unsystematisch; denn wenn die beiden Spanier in Frankreich nur kirchlich heiraten, so ist die Ehe nach Art. 13 Abs. 1 gültig, obwohl nach französischem Recht in Frankreich nur vor dem Standesbeamten geheiratet werden kann. Hier scheuen wir also den Konflikt mit der lex loci actus nicht. Ja, wir scheuen ihn sogar dann nicht, wenn wir mit dem Ortsrecht in der Verurteilung der Form des Heimatrechts völlig einig sind. Heiraten zwei Angehörige des Staates Ohio in Paris nudo consensu, so sieht Frankreich darin eine Nichtehe, wir aber nicht. Wenn der Vorgang sich aber in Frankfurt am Main ereignet hat, dann liegt auch nach unserer Auffassung eine Nichtehe vor. Der österreichische Entwurf kehrt in Abs. 3 übereinstimmend mit vielen ausländischen Rechten das Verhältnis zwischen Orts- und Heimatrecht zu Unrecht um.

Nach ihm ist die Ortsform die Regel. Es genügt aber, wenn die Form des Heimatrechts beachtet ist. Dagegen ist zu sagen: Das Heimatrecht sollte auch für die Form maßgebend sein, und die lex loci actus sollte bei Eheschließungen im Ausland nur insoweit gelten, als das Heimatrecht sich mit dieser begnügt. Entsprechend ist in der Anlage eine neue Formulierung des Art. 13 Abs. 1 vorgeschlagen. Darin ist das Wort „inwieweit" gebraucht. Das schließt freilich eine weitgehende Verweisung auf das Heimatrecht in sich. Viele Rechte verweisen auf das Ortsrecht nur mit gewissen Einschränkungen, z. B. wegen des Aufgebots. Das könnte die Vorschrift unhandlich machen. Deswegen sind in dem Vorschlag die Worte „zur Gültigkeit der Ehe" eingeschoben. Ist nämlich eine im Ausland geschlossene Ehe zu beurteilen, so kommt es nur darauf an, ob sie gültig ist. Die meisten der erwähnten Beschränkungen in der Verweisung auf das Ortsrecht berühren aber die Gültigkeit der Ehe nicht.

3. a) Eine zweite Einschränkung des Grundsatzes bringt Art. 13 Abs. 3. Ohne Rücksicht auf das Heimatrecht bestimmt sich die Form einer in Deutschland geschlossenen Ehe ausschließlich nach den deutschen Gesetzen, d. h. in Deutschland ist eine Eheschließung nur vor dem Standesbeamten, oder, soweit durch deutsches Gesetz besonders zugelassen, vor diplomatischen oder konsularischen Vertretern möglich. Die lex loci actus ist hier also zwingend. Ähnliche Vorschriften finden sich in vielen Ländern, z. B. Frankreich, Belgien, Niederlande, Italien, Schweiz, Portugal. Überhaupt haben alle Länder mit zwingender standesamtlicher Eheschließung die gleiche Vorschrift. Aber auch Länder, die kirchliche Eheschließung zur Wahl lassen, erkennen keine auf ihrem Gebiet durch Konsens oder vor einer nicht anerkannten Religionsgemeinschaft geschlossene Ehe an.

b) Hieran zeigt sich schon, daß es sich nicht nur um die politische Frage kirchliche oder weltliche Eheschließung handelt, sondern alle Staaten, die entweder die kirchliche oder die weltliche Eheschließung oder beides zur Wahl kennen, lehnen die Anerkennung von Ehen, auch von Ausländern, ab, die auf ihrem Gebiet in anderen Formen, d. h. nudo consensu oder vor einem Organ geschlossen sind, das von ihnen nicht autorisiert ist. Aus dem Gesichtspunkt des ordre public ist das richtig. Insofern ist also Art. 13 Abs. 3 EGBGB und Abs. 3 Satz 1 des österreichischen Entwurfs nicht zu beanstanden. Soll man das Heimatrecht soweit verleugnen, daß man die Ehe auch dann für ungültig erachtet, wenn die Ehegatten nachher in ihrem Heimatstaat leben? M. E. nicht. Doch sollte man das der Praxis überlassen.

c) Schwieriger liegt es in den Fällen, in denen das Heimatrecht – auch bei Eheschließung im Ausland – kirchliche Form vorschreibt. Die Ehe, die katholische Spanier in Deutschland vor dem Standesamt geschlossen haben, ist nach spanischem Recht nichtig, ja sogar eine Nichtehe. Kein Problem besteht, wenn das Heimatrecht zwar kirchliche Eheschließung vorschreibt, aber eine im Ausland standesamtlich geschlossene Ehe als gültig ansieht. Dagegen entsteht ein echter Konflikt, wenn das Heimatrecht die kirchliche Eheschließung auch im Ausland zwingend vorschreibt, so etwa Spanien und – wenn nur einer der Brautleute griechisch-orthodox ist – Griechenland. Heute ist die Ehe, wenn sie in Deutschland geschlossen wird, nach Kontrollratsgesetz 52 (§ 15 a EheG) möglicherweise gültig, doch kann diese Bestimmung als diktierte Einschränkung der deutschen Souveränität hier füglich außer Betracht bleiben. Auch in solchen Fällen sollte man aber die Tragweite des Art. 13 Abs. 3 nicht überschätzen. Das Verhältnis zwischen staatlicher und kirchlicher Eheschließung ist eine echte politische Frage. Sie fällt damit unter den ordre public; denn es handelt sich um das Verhältnis von Staat und Kirche. Daher sind alle Länder, die die obligatorische Zivilehe kennen, der Ansicht, daß diese im Inland auch für Ausländer gelten muß. Es ist in der Tat nicht einzusehen, warum der Ausländer hier anders gestellt sein sollte, als der Inländer. Der Ausländer wird auch nicht in eine ausweglose Lage versetzt. Die Brautleute haben freie Hand. Sie können sich im Heimatland des ausländischen Verlobten kirchlich trauen lassen. Sie können sich aber auch in Deutschland wie die Inländer erst standesamtlich, danach kirchlich trauen lassen. Die Schwierigkeiten kommen in der Praxis daher, daß die konfessionell indifferente Deutsche ihren in Deutschland ansässigen griechisch-orthodoxen Verlobten zwar heiratet, aber die Ehe nicht vor der griechisch-orthodoxen Kirche schließen will, wie es Art. 1367 des griechischen BGB vorschreibt. Daß diesen Verlobten Art. 13 Abs. 3 mit der Konstruktion einer hinkenden Ehe hilft, ist m. E. keineswegs notwendig. Hier fehlt es doch schließlich an dem rechten Ehewillen. Aber diese Hilfe ist auch nicht der Sinn dieses Artikels. Er denkt nicht an die einzelnen Eheleute, sondern an das Verhältnis zwischen Staat und Kirche. Was der Staat, d. h. der Standesbeamte im Interesse der Brautleute tun kann, ist nur diesen zu helfen den Konflikt zu vermeiden. Er muß – und das ist ja auch die Praxis – die Verlobten darauf hinweisen, daß die Eheschließung vor dem deutschen Standesbeamten für das Heimatland noch keine gültige Ehe schafft, daß dazu vielmehr noch eine kirchliche Eheschließung nötig ist. Üblich ist es in solchen Fällen, eine Traubereitschaftsbescheinigung des zuständigen Geistlichen zu verlangen. Doch darf der Standesbeamte die Eheschließung nicht verweigern, wenn diese Bescheinigung nicht beigebracht wird.

Will man die Konflikte, die hier entstehen können, auf ein Mindestmaß beschränken, so empfiehlt es sich, die Verwaltungs-Praxis in gesetzliche Vorschriften umzuwandeln, wie es der beiliegende Vorschlag tut. Es ist hierbei zu § 10 EheG eine Frist von sieben Tagen vorgesehen. Sie soll verhindern, daß die Erklärung nach einer etwa schematischen Belehrung ohne weitere Überlegung abgegeben wird. Wenn aber die Verlobten trotz dieser Belehrung dabei beharren, sich nur standesamtlich trauen zu lassen, so haben sie sich die Schwierigkeiten, in die sie geraten, selbst zuzuschreiben, es besteht dann kein Anlaß mehr, von dem politischen Grundgedanken abzugehen, der dem Art. 13 Abs. 3 zugrunde liegt.

d) Der österreichische Entwurf bestimmt in Abs. 3, daß die Form der Eheschließung im Inland dem Heimatrecht unterliegt, wenn die Ehe vor einer ausländischen Vertretungsbehörde im Inland stattfindet. Soweit damit Eheschließung vor diplomatischen oder konsularischen Vertretern gemeint ist, bedarf es eines besonderen Gesetzes des Empfangsstaates, damit diese Eheschließungen wirksam sind. Eine allgemeine Vorschrift dieser Art geht völkerrechtlich zu weit. In einem souveränen Staat kann eine Eheschließung nur anerkannt werden, wenn die Zuständigkeit des ausländischen Vertreters durch das heimische Recht bestätigt ist. Das aber bedarf eines besonderen Gesetzes, das als lex specialis dem allgemeinen IPR vorgeht. Eine ausdrückliche Bestimmung darüber ist nicht nötig.

IV

Art. 13 Abs. 2 EGBGB hängt mit § 12 Abs. 3 VerschG zusammen. Bejaht man diese Bestimmung, so ist es folgerichtig, daß der überlebende deutsch gebliebene oder wieder gewordene Ehegatte für eine künftige Eheschließung bei gutem Glauben als ledig behandelt wird. Der Wortlaut des Art. 13 Abs. 2 geht weit darüber hinaus. Nötig ist nur, daß der betreffende Ehegatte als ledig behandelt wird. Demnach ist grundsätzlich die Fassung des österreichischen Entwurfs richtig. Eine entsprechende Neufassung des Art. 13 Abs. 2 ist in der Anlage vorgeschlagen.

V

Verschiedene Staaten haben besondere Vorschriften, mit denen der ordre public des Staates, in dem die Ehe geschlossen wird oder dem einer der Verlobten angehört, durchgesetzt werden soll. Solche Vorschriften sind überflüssig. Öfter beruhen sie auf mangelnder Kenntnis des ausländischen Rechts, indem sie z. B. Ehehindernisse durchsetzen, die wie die Blutsverwandtschaft oder die Einehe den meisten Rechten ohnedies bekannt sind. Zuweilen beruhen sie auch darauf, daß die doppelseitige Richtung sachlich-rechtlicher Vorschriften verkannt wird. Die allgemeine Vorschrift des Art. 30 EGBGB genügt.

Vorschläge für die Gesetzgebung

I

Art. 13 EGBGB

(1) Die Eingehung der Ehe wird bei jedem Verlobten nach den Gesetzen des Staates beurteilt, dem er angehört. Diese Gesetze bestimmen auch, inwieweit zur Gültigkeit der Ehe die Beachtung der Formvorschriften des Ortes genügt, an dem die Ehe geschlossen wird.

(2) Ist ein Ehegatte gemäß § 12 Abs. 3 des Verschollenheits-Gesetzes für tot erklärt worden, so steht die Ehe mit diesem einer neuen Eheschließung des anderen Ehegatten nicht entgegen.

(3) Die Form einer Ehe, die im Inland geschlossen wird, bestimmt sich ausschließlich nach den deutschen Gesetzen.

II

Im Personenstandsgesetz ist einzufügen als § 7 a:

Ist nach dem Recht des Staates, dem einer der Verlobten angehört, zur Gültigkeit einer im Ausland abgeschlossenen Ehe erforderlich, daß diese vor dem Geistlichen einer in der Bundesrepublik Deutschland anerkannten Religionsgemeinschaft geschlossen wird, so hat der Standesbeamte die Verlobten darauf vor Erlaß des Aufgebots hinzuweisen.

III

§ 10 Ehegesetz

Abs. 1 bleibt unverändert.

Der bisherige Abs. 2 wird Abs. 3.

Als neuer Abs. 2 ist einzufügen:

Ist nach dem Recht des Staates, dem einer der Verlobten angehört, zur Gültigkeit einer in der Bundesrepublik Deutschland abgeschlossenen Ehe erforderlich, daß diese vor einem Geistlichen einer in der Bundesrepublik anerkannten Religionsgemeinschaft abgeschlossen wird, so soll der Verlobte eine Ehe nicht eingehen, bevor er nicht ein Zeugnis dieses Geistlichen darüber beigebracht hat, daß dieser bereit ist, die kirchliche Eheschließung dieser Verlobten nach der standesamtlichen Eheschließung zu vollziehen. Dieses Zeugnis ist nicht erforderlich, wenn beide Verlobte frühestens am siebten Tage nach der durch § 7 a des Personenstandsgesetzes vorgeschriebenen Aufklärung dem Standesbeamten erklären, daß sie eine kirchliche Eheschließung nicht beabsichtigen.

Ergänzungen zum Eheschließungsrecht

Von HORST MÜLLER, Freiburg i. Br.

(vorgelegt 1956)

I

Zur internationalen Zuständigkeit

Die bisherigen Beschlüsse haben nur die Klagen aus Tatbeständen geregelt, die sich während der Ehe ereignet haben. Offen geblieben sind Rechtsstreitigkeiten, die auf Mängeln bei der Eheschließung beruhen. Es handelt sich hierbei um die Klage auf Aufhebung oder Nichtigerklärung einer Ehe oder auf Feststellung, daß zwischen den Parteien eine Ehe besteht oder nicht besteht. Klage auf Nichtigkeit ist auch die Anfechtungsklage, da auch sie auf Nichtigerklärung zielt. Dabei ist es belanglos, ob die Nichtigkeit ex nunc oder ex tunc eintritt (vgl. RGZ 151, 226). Beides ist heute so geklärt, daß es einer besonderen Bestimmung darüber nicht bedarf. Die bisherigen Beschlüsse über die internationale Zuständigkeit sind auch für die oben genannten Klagen geeignet. Es wird dadurch auch die bisherige Einheitlichkeit der Ehesachen gewahrt. Das ist gerade in internationalen Beziehungen empfehlenswert, weil es vorkommen kann, daß ein Recht einen Tatbestand, der nach deutschem Recht einen Aufhebungsgrund darstellt, als Scheidungsgrund ansieht. Daß in beiden Fällen die gleiche internationale Zuständigkeit besteht, schließt etwaige Zweifel über Zuständigkeit aus. Es wird daher vorgeschlagen, in § 606 ZPO in der jetzt beschlossenen Fassung auch die Nichtigkeits- usw. Klagen aufzunehmen. Aus sprachlichem Grund lehnt sich der Vorschlag (vgl. Anlage) an die bisherige Fassung des § 606 Abs. 1 an.

Fraglich kann nur sein, ob die beiden Ausnahmevorschriften des bisherigen § 606 Abs. 3 Ziff. 1 und 2[1] zu übernehmen sind.

Zu Ziff. 1: Der alte § 606 Abs. 4 machte die internationale Zuständigkeit deutscher Gerichte von der Anerkennung des Heimatstaates nur

[1] Das Gutachten hat die ZPO in der Fassung von 1950 vor Augen. Jetzt gelten §§ 606–606 b in der Fassung des Gleichberechtigungsgesetzes.

bei der Ehescheidung abhängig. Erst die Neufassung im jetzigen § 606 Abs. 3 erweiterte die Einschränkung auf die Aufhebungs-, Nichtigkeits- und Feststellungsklage. Die bisherigen Beschlüsse des Ausschusses haben sie bei der Scheidung, dem eigentlichen Ausgangspunkt dieser Bestimmung, aufgegeben. Die Einschränkung wäre bei der Ehescheidung noch eher am Platze als bei Mängeln in der Eheschließung. Bei der Scheidung kommt es auf die gegenwärtige Staatsangehörigkeit, bei der Eheschließung auf diejenige zur Zeit der Eheschließung an. Diese können beide Parteien inzwischen schon verloren haben. Die internationale Zuständigkeit für Scheidungssachen berührt also auf jeden Fall einen jetzt interessierten, nämlich den gegenwärtigen Heimatstaat. Bei Nichtigkeits- usw. Klagen braucht das keinesfalls der Fall zu sein. Die Gründe, die den Ausschuß bewogen haben, die Bestimmung des § 606 Abs. 3 Ziff. 1 aufzugeben, treffen hier also erst recht zu.

II

Zu § 606 Abs. 3 Ziff. 2 und § 328 ZPO

Die Frage, ob die Vorschrift in § 606 Abs. 3 Ziff. 2 zu übernehmen ist, hängt eng mit der Frage zusammen, inwieweit ausländische Entscheidungen in Ehesachen anzuerkennen sind. Der Ausschuß hat sich in dieser Frage sehr weitgehend von der Enge der bisherigen Vorschriften entfernt. Unterstellt man, daß das richtig ist, so ist zu sagen: Der Grundgedanke der bisherigen Vorschrift des EGBGB und der ZPO ist der, daß für Inhalt und Fortbestand einer Ehe das Recht der derzeitigen Staatsangehörigkeit maßgebend ist. Dieser Grundsatz wird von dem Ausschuß zwar für den Fall aufrechterhalten, daß ein deutsches Gericht zu entscheiden hat (Art. 17 EGBGB); aber er wird aufgegeben für den Fall, daß ein ausländisches Gericht entscheidet, ja er wird prozessual auch für den Fall aufgegeben, daß ein deutsches Gericht entscheidet; denn der Ausschuß hat auf die Anerkennung durch den Heimatstaat verzichtet. Nach der aufgegebenen Vorschrift des § 606 Abs. 3 Ziff. 1 wurde nämlich dem Heimatstaat die Entscheidung über die internationale Zuständigkeit und damit auch über die anzuwendende Kollisionsnorm zugestanden. Diese Folgerungen aus dem Staatsangehörigkeitsgrundsatz haben die Beschlüsse des Ausschusses aufgegeben. Dadurch ist ein Bruch in unsere Kollisionsnorm gebracht worden. Dieser ist in den Fällen des Art. 17 (Scheidung usw.), wie schon oben dargelegt, stärker als in den Fällen, die unter Art. 13 EGBGB fallen (Nichtigkeit, Aufhebung, Feststellung); denn dort setzt man sich gegebenenfalls in Widerspruch zum gegenwärtigen Heimatrecht, im Falle des Art. 13 EGBGB aber in Gegensatz zum Heimatrecht zur Zeit der Eheschließung, das die eine oder andere Partei inzwischen verloren haben kann. Wendet man die Neufassung des § 328 für diese Fälle des Art. 13 an, so ergibt sich: In vielen Fällen wird das ausländische Gericht statt des Heimatrechts das Wohnsitzrecht, das Recht am Eheschließungsort, vielleicht sogar die lex fori angewendet haben. Es wären dann auch Urteile anzuerkennen, die nicht auf Grund der lex patriae entschieden haben. Dann aber bleibt die Frage, ob nicht wenigstens der Partei, die zur Zeit der Eheschließung Deutsche war, die Nichtigkeits- und Aufhebungsgründe des deutschen Rechts positiv und negativ erhalten bleiben und wenigstens insoweit Art. 13 EGBGB folgerichtig durchgeführt werden sollte. Hierfür spricht, daß der Ausschuß für die Scheidung dem Recht, unter dem eine Ehe angetreten worden ist, in der vorgeschlagenen Neufassung des Art. 17 Abs. 3 Raum gegeben hat, und zwar ohne Rücksicht auf die jetzige Staatsangehörigkeit.

Nach den Beschlüssen zu § 606 liegt es z. T. in der Hand der Partei, ob Art. 17 EGBGB angewendet wird. Nach § 606 der Ausschuß-Fassung ist nämlich ein deutsches Gericht dann international zuständig, wenn ein Ehegatte Deutscher ist. Es hängt also von dem Vorgehen eines der beiden Ehegatten (auch des Nichtdeutschen) ab, ob ein deutsches Gericht entscheidet und daher deutsches IPR angewendet wird. Für den Ehemann genügt diese Bestimmung; denn entweder ist er noch Deutscher, dann ist die internationale Zuständigkeit deutscher Gerichte gegeben und es hängt nur von ihm ab, ob er davon Gebrauch macht. Oder er hat nach der Eheschließung die deutsche Staatsangehörigkeit aufgegeben, dann liegt kein Grund vor, ihm die Anwendung deutschen Rechts zu gewährleisten. Anders ist es mit der Frau. Hat sie vor dem 1. 4. 1953 geheiratet, dann hat sie unmittelbar durch die Eheschließung die deutsche Staatsangehörigkeit verloren. Hat sie nach dem 1. 4. 1953 geheiratet, so kann sie doch „infolge der Eheschließung" (vgl. Ausschuß-Fassung des Art. 17 Abs. 3 Satz 1) die Staatsangehörigkeit verloren haben. In beiden Fällen ist die Eheschließung der eigentliche Grund dafür, daß die Frau nicht mehr Deutsche ist. Ist aber die Eheschließung mangelhaft, so führt der Verlust der Staatsangehörigkeit dazu, daß die internationale Zuständigkeit deutscher Gerichte fehlt, wenn nicht die Ehegatten in Deutschland ihren Aufenthalt haben. Wenn das dann zuständige ausländische Gericht nicht entsprechend Art. 13 EGBGB für die deutsche Frau deren Heimatrecht zur Zeit der Eheschließung anwendet, so geht diese der Rechte verlustig, die ihr das deutsche Recht wegen Mängeln der Eheschließung gewährt. Die in Art. 3 GG ausgesprochene Gleichberechtigung, die übrigens weder europäisches, noch gar Weltallgemeingut ist, darf nicht darüber täuschen, daß die Familie, welche durch die Eheschließung gegründet wird, in der Regel der

Nation des Mannes angehört. Es handelt sich also bei der Eheschließung darum, ob die Frau ihre bisherigen nationalen Bindungen aufgibt und in einen anderen sozialen Verband übertritt. Deshalb fordert Art. 13 EGBGB, daß die Eheschließung nach dem Recht jedes Verlobten beurteilt wird. Danach soll sich bestimmen, ob der Wechsel der Nationalzugehörigkeit überhaupt eintritt. Dieser Gedanke ist richtig. Im Rahmen der prozessualen Bestimmungen kann man ihm aber nicht, was wünschenswert wäre, einen allgemeinen internationalen Ausdruck geben, wie es in Art. 17 Abs. 3 in der Fassung der Ausschußbeschlüsse für ein Teilgebiet versucht worden ist. Aber man kann wenigstens der Frau, die zur Zeit der Eheschließung deutsch war, das Recht, unter dem sie die Ehe angetreten hat, erhalten. Dazu muß man ihr und dem deutschen Staatsanwalt die Möglichkeit geben, vor einem deutschen Gericht zu klagen. Daher wird für § 606 ZPO der aus der Anlage ersichtliche Abs. 2 vorgeschlagen. Er weicht von § 606 Abs. 3 Ziff. 2 insofern ab, als er verlangt, daß die Frau ihre Eigenschaft als Deutsche infolge der Eheschließung verloren hat. Hat sie nämlich diese Eigenschaft aus anderen Gründen verloren, z. B. weil sie mit dem Manne gemeinsam freiwillig die Staatsangehörigkeit gewechselt hat, so besteht kein Grund, ihr durch eine besondere Zuständigkeitsvorschrift die deutsche Gerichtsbarkeit und damit das deutsche IPR zu erhalten; denn sie hat selbst auf diesen Schutz verzichtet. Diese Berichtigung des Gesetzes wurde auch schon bisher für nötig erachtet. Folgt man diesem Vorschlag, so kann § 328 ZPO in der vom Ausschuß beschlossenen Fassung auch für die Nichtigkeits- usw. Klagen gelten.

Das hier vorgeschlagene System geht von dem Gedanken aus, daß die Ehegatten – in besonderen Fällen der Staatsanwalt – die Möglichkeit haben, das deutsche Gericht anzurufen. Mit der Klage vor dem deutschen Gericht ist die Anwendung des deutschen IPR gesichert. Dieses System wird aber fragwürdig, wenn zur Zeit der Klageerhebung dieselbe Sache im Ausland anhängig ist. Nach § 606 ZPO alter Fassung war die Zuständigkeit wenigstens z. T. eine ausschließliche. Die Ausschließlichkeit haben aber die Beschlüsse des Ausschusses aufgegeben. Nach der Rechtsprechung des Reichsgerichts und nach h. M. (vgl. Stein-Jonas § 263 Anm. 42) begründet ein im Ausland anhängiger Prozeß die sog. Einrede der Rechtskraft, wenn das zu erwartende Urteil Aussicht hat, im Inland anerkannt zu werden. Nach den Beschlüssen des Ausschusses zu § 328 ist das in Ehesachen grundsätzlich der Fall. Trotzdem ist eine besondere Vorschrift nicht nötig. Der deutschen oder früher deutschen Partei ist bis zur Rechtshängigkeit die deutsche internationale Zuständigkeit gesichert. Es hängt von ihr ab, ob sie davon rechtzeitig Gebrauch macht. Einer einschränkenden Vorschrift, daß die deutsche internationale Zuständigkeit durch ausländische Rechtshängigkeit nicht gehindert wird, ist aus folgenden Gründen sogar zu widerraten: 1. Sie zerstört die angestrebte Vereinfachung. 2. Sie bringt eine neue besondere Vorbehaltsklausel, während der Ausschuß diese gerade im Interesse internationaler Gemeinschaft beseitigen will. 3. Sie hat jedenfalls bei Nichtigkeits- usw. Klagen wenig Bedeutung; denn es sind doch ganz wenige Fälle, in denen beide Parteien in verschiedenen Ländern wegen der Gültigkeit ihrer Ehe klagen. Wenn aber die Rechte kraß auseinanderfallen, so wird meist die Anerkennung durch § 328 Ziff. 3 in der Ausschußfassung ausgeschlossen sein. Dann ist aber auch die Rechtshängigkeit nicht zu beachten.

III

Ergänzung zu Art. 13 EGBGB

Unter Nr. 3 enthält die Anlage einen Vorschlag, der entsprechend den gefaßten Beschlüssen sichert, daß ein rechtskräftiges Urteil eines deutschen Gerichts über den Bestand einer Ehe die deutschen Behörden auch dann bindet, wenn der Heimatstaat das Urteil nicht anerkennt. Diese Bestimmung muß in das EGBGB gestellt werden; denn sie wendet sich nicht nur an den Standesbeamten, sondern auch an den Richter, Verwaltungsrichter und an Verwaltungsbehörden.

Gesetzesvorschlag

I

Internationale Zuständigkeit

Der bisher beschlossene einzige Absatz des § 606 wird Abs. 1, er lautet am Anfang:

„(1) Für Klagen auf Scheidung, Aufhebung oder Nichtigerklärung einer Ehe, auf Trennung von Tisch und Bett, auf Feststellung des Bestehens oder Nichtbestehens einer Ehe zwischen den Parteien, auf Herstellung des ehelichen Lebens (Ehesachen) oder auf Unterhalt auf Grund der Ehe . . ."

§ 606 erhält folgenden neuen Absatz:

„(2) Die deutschen Gerichte sind auch dann international zuständig, wenn die Frau zur Zeit der Eheschließung Deutsche war, diese Eigenschaft infolge der Eheschließung verloren hatte und sie auf Aufhebung oder Nichtigerklärung der Ehe oder auf Feststellung des Bestehens oder Nichtbestehens der Ehe oder der Staatsanwalt auf Nichtigerklärung klagt."

II

Anerkennung ausländischer Entscheidung

Die bisher beschlossene Fassung ist am Anfang wie folgt zu ändern:
„Die Anerkennung einer ausländischen Entscheidung in Ehesachen (§ .....) und über Unterhalt auf Grund der Ehe ist ausgeschlossen..."

III

Zum Eheschließungsrecht

Art. 13 neuer Fassung erhält folgenden Abs. 2:
„(3) Ist eine Ehe durch ein rechtskräftiges Urteil eines deutschen Gerichts für nichtig erklärt, aufgehoben oder geschieden, oder ist durch ein solches Urteil festgestellt worden, daß eine Ehe nicht besteht, so steht diese Ehe einer erneuten Eheschließung auch dann nicht entgegen, wenn das Urteil in einem ausländischen Staat nicht anerkannt wird."

Registereintragung von Ehen, die in Deutschland in nichtdeutscher Form geschlossen wurden

Von HORST MÜLLER, Freiburg i. Br.

(vorgelegt 1957)

I

Nach Wegfall des bisherigen Art. 13 Abs. 3 EGBGB können Personen in Deutschland die Ehe in anderer Weise als vor dem deutschen Standesbeamten schließen, wenn für keinen von ihnen das deutsche Recht nach Art. 13 Abs. 1 als Heimatrecht maßgebend ist.

Als danach zulässige Formen des Heimatrechts kommen in Frage: Eheschließungen

1. in den Formen einer Religionsgemeinschaft,
2. durch reinen Konsens,
3. vor einem diplomatischen oder konsularischen Vertreter (sogenannte diplomatische Eheschließung).

Bisher hatte eine diplomatische Eheschließung in Deutschland keine Wirkung, wenn sie nicht durch Staatsverträge zugelassen war. Im Schrifttum hat man das meist als Folge aus Art. 13 Abs. 3 EGBGB angesehen. (Vgl. etwa Wolff IPR³, 194; Lewald IPR, 84; Palandt-Lauterbach 6a zu Art. 13; Raape in Kiesselbach-Festschrift 1947, 144, wohl auch IPR⁴, 246 oben; anders vielleicht Staudinger-Raape, 256 oben.) Wenn das zutrifft, so wäre nach Fortfall des bisherigen Art. 13 Abs. 3 eine nach Heimatrecht in Deutschland abgeschlossene diplomatische Ehe voll gültig.

Doch überschätzt diese Auffassung die Bedeutung des Art. 13 Abs. 3. Nicht dieser enthält erst das Verbot diplomatischer Eheschließungen, sondern dieses Verbot wurzelt im Völkerrecht, und Art. 13 Abs. 3 gibt nur dieses völkerrechtliche Verbot wieder. Er trägt, wie RG JW 1931, 1338 sagt, den Anschauungen des Völkerrechts Rechnung. Freilich sind die Meinungen über den zugrundeliegenden völkerrechtlichen Satz geteilt. Frankreich läßt die Eheschließung eines Franzosen im Ausland vor dem dortigen diplomatischen oder konsularischen Vertreter Frankreichs ohne Einschränkungen zu. Daraus kann man mit Batiffol (Droit international privé Nr. 442) schließen: Frankreich geht von dem völkerrechtlichen Satz aus, daß die Konsuln aller Staaten Eheschließungen ihrer Staatsangehörigen im Ausland vornehmen können. Anders aber das deutsche Recht. Das AuslPersStG vom 4. Mai 1870 gibt nicht jedem deutschen Auslandsvertreter das Recht, Eheschließungen vorzunehmen, sondern nur denjenigen, denen der Außenminister eine besondere Ermächtigung erteilt hat (§ 1). Damit hat sich Deutschland freie Hand behalten, erst durch Verhandlungen im völkerrechtlichen Verkehr, d. h. durch Staatsverträge, die Zulässigkeit diplomatischer Eheschließungen zu bestimmen. Das ist auch durchaus richtig. Die Mitwirkung bei Eheschließungen ist eine standesamtliche Tätigkeit, also Ausübung staatlicher Hoheitsrechte. Ausübung staatlicher Hoheitsrechte im Ausland greift in die Hoheit des anderen Staates ein, kann daher in dessen Bereich nur dann Wirkung haben, wenn dieser dem fremden Staatsvertreter die Befugnis dazu zuspricht. (So mit Recht RG a.a.O., mag die Entscheidung auch im übrigen bedenklich sein.) Das ist schon der Standpunkt der Denkschrift zum AuslPersStG von 1870 gewesen. Es heißt dort: „Dagegen werden die von den diesseitigen Vertretern im Ausland ... vorgenommenen Eheschließungen ... im Lande ihres Aufenthalts formale Rechtsgültigkeit nur dann beanspruchen können, wenn diese Gültigkeit den daselbst lebenden Deutschen durch besonderen Rechtstitel gewährt ist." Auch das Haager Eheschließungsabkommen geht von dieser völkerrechtlichen Grundlage aus. Es mildert diese nur dadurch ab, daß es einen ausdrücklichen Widerspruch des Empfangsstaats verlangt (Art. 6).

Dieser Standpunkt ist auch innerlich gerechtfertigt. Der von Kahn (JherJb. 40, 68/69) allgemein ausgesprochene und von Lewald (WBVR I, 263/65) im Zusammenhang mit der diplomatischen Eheschließung angeführte international-rechtliche Grundsatz der Ausdehnungsgleichheit besagt: Will das IPR die von ihm angestrebte Harmonie erreichen, so muß es eine nach gleichem Maß abgegrenzte Gesetzesherrschaft der verschiedenen Staaten anstreben. Aber auch abgesehen von diesem international-privatrechtlichen Gesichtspunkt ergibt sich schon aus dem völkerrechtlichen Grundsatz der Gleichheit aller Staaten und dem daraus folgenden politischen Grundsatz der Gegenseitigkeit, daß kein souveräner Staat einem fremden Staat mehr Hoheitsrechte in seinem (des Empfangsstaates) Gebiet zugesteht, als dieser es umgekehrt tut. Durchführen läßt sich das nur durch völkerrechtliche Vereinbarung. Dem entspricht die bisherige Praxis und Rechtsauffassung. Sie beruht nicht auf Art. 13 Abs. 3; denn sie bestand, wie die oben angeführte Denkschrift zeigt, schon vor Inkrafttreten dieser Bestimmung und ihres

Vorläufers des § 41 PStG von 1875. (Dagegen freilich z. T. von Bar, Lehrbuch des Internationalen Privat- und Strafrechts, 1892, 74.) Will man künftig im Inland diplomatische Eheschließungen schlechthin zulassen, wenn sie das Heimatrecht zuläßt, so wäre das nur damit zu begründen, daß man der französischen Auffassung folgend sozusagen einen Vorschuß für eine engere internationale Zusammenarbeit leisten will. Das ist aber keine Frage des IPR, sondern eine solche des Völkerrechts und der Außenpolitik. Sie ist noch nicht dadurch entschieden, daß man Art. 13 Abs. 3 EGBGB beseitigt. Dieser richtet sich in erster Linie gegen kirchliche und Konsensehen. Für diplomatische Ehen dagegen ist er nur die international-privatrechtliche Wiedergabe eines bereits bestehenden völkerrechtlichen Satzes. Daß das Völkerrecht gegenüber Art. 13 Abs. 3 den Vorrang hat, ist übrigens schon bisher bei den Eheschließungen Exterritorialer anerkannt worden. Es bedürfte also neben der Aufhebung des Art. 13 Abs. 3 einer besonderen Bestimmung, wenn künftig die diplomatische Eheschließung zugelassen werden soll. Man müßte etwa dem neuen Abs. 1 als zweiten Satz zufügen:

„Die Ehe kann in Deutschland auch vor einem diplomatischen oder konsularischen Vertreter eines ausländischen Staates geschlossen werden, wenn das für einen jeden der Verlobten maßgebende Recht es zuläßt."

Will man aber bei der bisherigen Praxis bleiben, so empfiehlt es sich, Zweifel auszuschließen und als Satz 2 zuzufügen:

„Vor einem diplomatischen oder konsularischen Vertreter eines ausländischen Staates können Ehen in Deutschland nur geschlossen werden, wenn dieses durch Staatsvertrag zugelassen ist."

Der Ausschuß wird sich zunächst mit dieser Frage beschäftigen müssen. Für den Fall, daß er die diplomatische Ehe ausdrücklich zulassen will, ist diese im folgenden mitbehandelt.

II

Wird die Ehe in Deutschland in nicht-deutscher Form geschlossen, so haben die „Eheleute" ein Interesse daran, jederzeit beweisen zu können, daß sie in der Form ihres Heimatrechts eine, wenn auch vielleicht vernichtbare, Ehe geschlossen haben. In unserer letzten Sitzung ist allerdings gesagt worden, es bestünden für den Beweis hier nur die gleichen Schwierigkeiten, wie wenn die Ehe im Ausland geschlossen ist. Das trifft aber nicht zu: 1. Ist die Ehe im Ausland geschlossen, so ist es selbstverständlich, daß der deutsche Standesbeamte nicht mitwirkt. Ist sie aber in Deutschland geschlossen, so muß nachgewiesen werden, daß der deutsche Standesbeamte nicht mitzuwirken brauchte. 2. Ausländische Rechte, die eine obligatorische Zivilehe nicht kennen, haben meist Vorschriften darüber, wie die Eheschließung beurkundet und bewiesen wird.

a) Kirchliche Eheschließung: Man kann drei Systeme unterscheiden.

aa) Beurkundung und Beweis durch den Geistlichen, z. B. Dänemark § 37 des EheG von 1922 (Eintragung ins Kirchenbuch). Dort ist aber nicht jede Religionsgemeinschaft zur Eheschließung zugelassen.

bb) Staatliche Beurkundung *bei* der kirchlichen Eheschließung, so Spanien Art. 77 BGB. Ähnlich Peru.

cc) Nachträgliche staatliche Beurkundung der religiösen Eheschließung, so z. B. Portugal, Italien, Indien und die meisten Staaten der USA.

b) Bei diplomatischer und konsularischer Eheschließung erfolgt die Beurkundung in der Regel durch das Organ, das die Eheschließung vornimmt. Meist wird dazu ein Sammelregister in der Heimat geführt.

c) Formlose Konsensehen nach common law (vgl. Bergmann IEKR USA, 21) werden in manchen Staaten der USA noch heute ausdrücklich zugelassen oder anerkannt. Eintragung ins staatliche Standesregister ist in einigen Staaten vorgeschrieben, so Montana, Süd-Dakota und Michigan (?).

Im übrigen werden sich die ausländischen Registrierungsvorschriften außer bei Ehen vor eigenen ausländischen Vertretern wahrscheinlich nur auf Eheschließungen im Inland beziehen. Es würde also nicht nur in Deutschland, sondern auch abgesehen von diplomatischen Eheschließungen vom Standpunkt des Heimatrechts eine bedenkliche Rechtsunsicherheit entstehen, wenn Beurkundung und Beweis der in Deutschland geschlossenen Ehen nicht sichergestellt ist. Bei Eheschließungen unter Mitwirkung eines Vertreters einer Religionsgemeinschaft oder vor einem diplomatischen oder konsularischen Vertreter könnte man daran denken, daß die Beurkundung durch diesen genügt und ein Auszug aus dem betreffenden Buch oder eine Abschrift der Beurkundung dieselbe Beweiskraft hat, wie das deutsche Standesregister. Doch ist das aus zwei Gründen abzulehnen:

1. Vom Standpunkt des deutschen Rechts liegt eine Ehe nur dann vor, wenn nach Art. 13 Abs. 1 für keinen der Verlobten deutsches Recht anzuwenden war. Sonst handelt es sich um eine Nichtehe. Man kann nun einem Trauzeugnis, das nicht vom deutschen Standesbeamten ausgestellt ist, nicht ansehen, ob diese Voraussetzungen vorgelegen haben. Bei einer diplomatischen Eheschließung ist gar nicht zu erwarten, daß der ausländische Vertreter sich um das deutsche IPR gekümmert hat. Bei Eheschließung in einer Religionsgemeinschaft ist es möglich, daß

deren Vertreter das deutsche IPR beachten wollte, aber es ist nicht immer wahrscheinlich, daß er es richtig angewendet hat.

2. Bei kirchlichen Eheschließungen würde man den Zeugnissen der Religionsgemeinschaft im außerkirchlichen Rechtsverkehr dieselbe Beweiskraft zugestehen, wie dem Standesregister. Das wäre erträglich, wenn es sich um anerkannte Religionsgemeinschaften handelt, die nach deutschem Recht Körperschaften des öffentlichen Rechts sind. Nach ausländischem Recht kommen aber auch Eheschließungen unter Mitwirkung anderer Religionsgemeinschaften in Frage, die überhaupt nicht oder nach deutschem Landesrecht nur an gewissen Orten Körperschaften des öffentlichen Rechts sind. (Quäker nach USA-Recht, Hindu nach indischem, Griechisch-Orthodoxe nach griechischem Recht.) Wollte man hier je nach der Rechtsstellung der einzelnen Religionsgemeinschaften unterscheiden, so müßte z. B. die Polizeibehörde, die die angebliche Ehefrau als solche in das Melderegister eintragen soll, oder das Finanzamt, das die Ehe bei der Einkommensteuer berücksichtigen soll, untersuchen, welche Rechtsstellung die betreffende Religionsgemeinschaft hat, um zu wissen, ob deren Trauzeugnis zum Beweise genügt. Das gibt nur neue Unsicherheit.

III

Es muß daher gefordert werden, daß die in Deutschland in nichtdeutscher Form abgeschlossene Ehe im deutschen Standesregister eingetragen und daß nach § 9 PStG ein besonderes Blatt im Familienbuch angelegt wird. Es ist nicht nötig, die Gültigkeit der Eheschließung von dieser Eintragung abhängig zu machen. Das würde der Bedeutung widersprechen, welche die Eintragung im Standesregister sonst nach deutschem Recht hat; denn sie ist nie rechtsbegründend. In unserem Falle dient die Eintragung auch in erster Linie den Interessen der Beteiligten. Um diese zu wahren, ist es nicht nötig, die Ehe ungültig sein zu lassen. Die öffentlichen Interessen an Rechtsklarheit usw. sind andererseits gewahrt, wenn der Beweis der Ehe geregelt ist. Es genügt also, wenn die Eintragung Beweiswert hat. Hierbei hat der Grundgedanke zu sein, daß das Personenstandsregister lückenlose Auskunft über alle in Deutschland eingetretenen Personenstandsfälle gibt; denn das ist die eigentliche Aufgabe des Standesregisters. Man gelangt dann zu dem Satz:

> „Eheschließungen, die in Deutschland auf Grund des Art. 13 Abs. 1 EGBGB in anderer Weise als vor dem deutschen Standesbeamten erfolgt sind, können nur durch den Eintrag im Familienbuch oder eine beglaubigte Abschrift daraus bewiesen werden."

Ein solches Beweismonopol des Standesregisters ist sonst nirgends festgelegt, auch nicht im § 60 PStG. Es besteht aber praktisch. Allerdings kann die Eheschließung auch durch ein rechtskräftiges deutsches Urteil bewiesen werden, das die Gültigkeit der Ehe feststellt. Das braucht aber nicht besonders bestimmt zu werden; denn wenn der vorgeschlagene Satz gilt, kann das Feststellungsurteil auch nur ergehen, wenn die Eheschließung durch den Eintrag ins Familienbuch bewiesen ist.

Ist das Heiratsbuch und seine Zweitschrift vernichtet, oder ist es wie heute vielfach in den Ostgebieten nicht zugänglich und ist auch kein Auszug zu beschaffen, so kann die Eheschließung auch in anderer Weise bewiesen werden. Der oben vorgeschlagene Satz hindert das nicht; denn wenn er den Beweis mit dem Heiratsbuch verlangt, so setzt er voraus, daß dieses Buch vorhanden oder zugänglich ist oder daß sein Inhalt sonst bewiesen werden kann.

IV

Damit der Standesbeamte die Eheschließung in das Familienbuch eintragen kann, muß er glaubwürdige Kenntnis von ihr erlangen. Das ist nur möglich, wenn sie ihm unter Beifügung der erforderlichen Unterlagen angezeigt wird. Es fragt sich:

1. Soll eine Anzeigepflicht bestehen?
2. Wem soll sie auferlegt werden?

Zu 1.: Man könnte sich auf den Standpunkt stellen, das größte Interesse an der Eintragung haben die Eheleute. Es mag ihnen überlassen bleiben, ob sie sich die Beweisvorteile verschaffen wollen, welche ihnen die Eintragung bietet. Jedoch bestehen, wie oben schon dargelegt, auch öffentliche Interessen an Rechtsklarheit und -sicherheit. Daher ist eine Anzeigepflicht notwendig.

Zu 2.: Bei der Konsensehe kann diese Pflicht nur den Ehegatten auferlegt werden. Ebenso ist es aber auch bei der Ehe vor einem ausländischen Staatsvertreter; denn diesem kann Deutschland wohl nach Völkerrecht derartige Pflichten gar nicht auferlegen, jedenfalls könnte ihre Erfüllung nicht erzwungen werden. Eine solche Pflicht könnte allerdings in Staatsverträgen festgelegt werden. Doch können darüber allgemeine Normen in unserem Entwurf nicht gegeben werden. Dagegen ist es praktisch, wenn den ausländischen Vertretern die Möglichkeit gegeben wird, an Stelle der Ehegatten die Anzeige zu erstatten.

Bei Eheschließungen in religiöser Form könnte die Pflicht auch dem Vertreter der Religionsgemeinschaft auferlegt werden, der mitgewirkt hat. War das freilich der Geistliche einer diplomatischen Vertretung, so bestehen die gleichen Bedenken, wie bei der Eheschließung vor einem diplomatischen oder konsularischen Vertreter. Aber auch sonst mag es kirchenpolitisch bedenklich sein, Vertretern von Religionsgemeinschaften Mitwirkungspflichten gegenüber dem staatlichen Standesregister aufzuerlegen. Im Ausland kennt man zwar vielfach derartige Pflichten; doch hängt das vielleicht mit einer andersartigen kirchenpolitischen Lage zusammen. Jedenfalls hat es das PStG vermieden, Vertretern von Religionsgemeinschaften in dieser ihrer Eigenschaft Anzeigepflichten aufzuerlegen. Ich halte daher eine Regelung wie bei den diplomatischen Eheschließungen für besser und schlage vor, jedem Ehegatten die Anzeigepflicht aufzuerlegen, sie aber als erfüllt anzusehen, wenn der diplomatische oder konsularische oder der Vertreter der Religionsgemeinschaft, unter dessen Mitwirkung die Ehe geschlossen ist, die Anzeige erstattet. Vermutlich wird die (Ersatz-)Anzeige durch diese Vertreter die Regel werden; denn diese haben ein Interesse daran, daß die vor ihnen geschlossenen Ehen in Deutschland alle Wirkungen entfalten. Es kann vielleicht sogar damit gerechnet werden, daß die bei der Trauung beteiligten Vertreter durch innerdienstliche Anweisungen ihrer vorgesetzten Stellen zu der Anzeige angehalten werden.

Für die Anzeige wird eine Frist zu setzen sein. Wird sie nicht innegehalten, so treten die Sanktionen der §§ 68 und 69 PStG ein. Trotzdem muß der Standesbeamte auch auf verspätete Anzeigen hin die Ehe noch eintragen. Für die Länge der Frist ist daran zu denken, daß die Pflicht den Ehegatten obliegt. In den „Flitterwochen" werden sie häufig nicht gleich dazukommen, sie zu erfüllen. Oft werden sie verreist sein. Deshalb sollte die Frist nicht zu kurz sein. Zwei Monate erscheinen angemessen.

V

Das Verfahren des Standesbeamten. Zuständig sollte der Standesbeamte sein, in dessen Bezirk die Eheschließung stattgefunden hat. Notfalls gilt § 43 PStG.

Nach § 9 PStG wird das neue Blatt im Familienbuch im Beisein der Ehegatten und der Zeugen eröffnet. Diese Vorschrift hat den Fall vor Augen, daß die Eheschließung vor dem Standesbeamten erfolgt. Die Eintragung im Familienbuch ist dann nur der Schlußakt, so daß beide Ehegatten und Zeugen sowieso anwesend sind. Es handelt sich dabei um Beurkundung eines Aktes, der vor dem Standesbeamten stattgefunden hat. Anders ist es im vorliegenden Fall.

Hat die Eheschließung vor einem ausländischen Staatsvertreter oder unter Mitwirkung eines Vertreters einer Religionsgemeinschaft stattgefunden, so dürfte ein schriftliches Verfahren genügen. Dabei ist für den Beweis der Eheschließung ein Zeugnis dieses Vertreters vorzulegen. Welchen Mindestinhalt dieses haben muß, wäre durch die Ausführungsbestimmungen zu regeln. Zu etwa notwendigen Ergänzungen ist jeder der Ehegatten verpflichtet, die erforderlichen Erklärungen (auch mündlich vor dem Standesbeamten) abzugeben oder Unterlagen zu beschaffen. Eine ausdrückliche Bestimmung darüber ist wegen §§ 68 und 69 PStG wichtig. In dem beiliegenden Gesetzesvorschlag kommt das dadurch zum Ausdruck, daß jeder der Ehegatten nicht nur verpflichtet ist, die Eheschließung anzuzeigen, sondern auch, sie nachzuweisen.

Damit sind auch Bedenken wegen der Beweiskraft der Trauzeugnisse ausgeräumt. Sind diese von einer ausländischen Behörde oder Urkundspersonen oder von einer „Behörde" einer Religionsgemeinschaft ausgestellt, die in Deutschland Körperschaft des öffentlichen Rechts ist, so begründen sie nach § 415 ZPO vollen Beweis des beurkundeten Vorgangs. (Nach weitverbreiteter Meinung gilt § 415 ZPO auch außerhalb der ZPO.) Hat der Vertreter einer Religionsgemeinschaft, die nicht Körperschaft des öffentlichen Rechts ist, das Zeugnis ausgestellt, so hat der Standesbeamte dessen Beweiswert selbst zu würdigen. Hier wird die Ergänzungspflicht der Parteien wichtig.

Bei reinen Konsensehen ist dieses Verfahren nicht möglich. Vorab ist zu sagen, daß diese Fälle selten sein werden. Nach Art. 13 Abs. 1 EGBGB und der entsprechenden Bestimmung unseres Entwurfs muß nämlich in diesem Fall das Heimatrecht jedes Verlobten ausländisches Recht sein. Im praktisch wichtigen Falle müssen also beide Verlobte Angehörige der USA sein oder als Staatenlose dort ihren gewöhnlichen Aufenthalt haben. Nach dem IPR der US-Einzelstaaten ist für die Eheschließung entweder die lex loci celebrationis maßgebend, dann ist nach deutschem Eherecht die reine Konsensehe unzulässig. Oder es ist das Wohnsitzrecht anzuwenden. Hat auch nur einer der Verlobten seinen Wohnsitz in Deutschland, so ist für ihn deutsches Recht maßgebend. Es liegt also wieder nicht unser Sonderfall vor. Dieser setzt vielmehr voraus, daß in Deutschland USA-Bürger heiraten, von denen keiner seinen Wohnsitz in Deutschland oder ein Heimatrecht hat, das auf das Recht des Eheschließungsortes verweist. Sicher ein seltener Fall. Eine weitere Einschränkung ergibt sich daraus, daß nach US-amerikanischem Recht jeder der Verlobten seinen Wohnsitz in einem Staat haben muß, der die Konsensehe zuläßt. Die wenigen danach möglichen Fälle brauchen nicht besonders geregelt zu werden. Es genügt die Bestimmung, daß jeder der Ehegatten die Eheschließung anzuzeigen und die erforderlichen Nachweise zu erbringen hat. Ein Zusammenwirken beider Ehegatten oder eine Mitwirkung des Ehegatten, der nicht die Eheschließung angezeigt hat, ist nicht vorzuschreiben; denn dann könnte ein Ehegatte, der von der Eheschließung nichts mehr wissen oder sich den Rückzug offenhalten will, seine Mitwirkung versagen und damit die Eintragung und den Beweis der Eheschließung verhindern. Vielmehr hat der Standesbeamte mit freier Beweiswürdigung nachzuprüfen, ob die Ehe geschlossen worden ist. Rechtliches Gehör ist dabei schon nach allgemeinen Grundsätzen beiden Ehegatten zu gewähren. (Das folgert neuerdings Baur JZ 1957, 543 mit Recht auch für die freiwillige Gerichtsbarkeit aus der dort abgedruckten Entscheidung des BVerfG.)

VI

Die bisherigen Untersuchungen behandelten nur die Frage, wie der Standesbeamte feststellt, daß eine Eheschließung stattgefunden hat. Hat er vor der Eintragung auch deren Gültigkeit zu prüfen?

1. Sicher hat er zu prüfen, ob nach deutschem IPR die Eheschließung in nichtdeutscher Form überhaupt zulässig war, d. h. ob für keinen der Verlobten deutsches Recht als Heimatrecht oder kraft Rückverweisung anzuwenden war. Das nämlich ist Voraussetzung des gesamten Verfahrens.

2. Hat er nachzuprüfen, ob die Eheschließung nach dem Heimatrecht gültig war? Das wäre eine Nachprüfung, die dem Standesbeamten sonst in der Regel nicht zugemutet wird. Wird ihm z. B. bei der Eintragung einer Geburt eine echte (gegebenenfalls legalisierte) ausländische Heiratsurkunde vorgelegt, so hat er nicht nachzuprüfen, ob die darin beurkundete Eheschließung wirksam war. Wollen vor ihm Ausländer heiraten, so wird ihm die Nachprüfung der Ehevoraussetzungen weitgehend durch das Ehefähigkeitszeugnis abgenommen. Man kann auf Grund von Rechtsvergleichung davon ausgehen, daß, wenn der äußere Tatbestand einer Eheschließung vorliegt, wie im deutschen Recht wenigstens eine vorläufig gültige Ehe besteht, die erst durch gerichtliche Entscheidung beseitigt werden muß. Eine solche vorläufig gültige Ehe ist aber eintragungsfähig; denn es wird ja nur eingetragen, daß eine Eheschließung stattgefunden hat. Ein äußerer Tatbestand, dem man solche Wirkung zusprechen kann, liegt dann vor, wenn die Ehe vor einer vertrauenswürdigen Stelle abgeschlossen und von ihr bezeugt ist. Vertrauenswürdige Stellen sind ausländische diplomatische oder konsularische Vertreter und sind Vertreter solcher Religionsgemeinschaften, die nach deutschem Recht Körperschaften des öffentlichen Rechts sind. Deren Trauzeugnisse sind, wie schon oben erwähnt, öffentliche Urkunden i. S. des § 415 ZPO. Eine sachliche Nachprüfung ist entbehrlich, wenn eine derartige Urkunde vorgelegt wird.

In anderen Fällen (Eheschließungen bei Religionsgemeinschaften, die nicht Körperschaften des öffentlichen Rechts sind, reine Konsensehen) kann dem Standesbeamten nicht erspart werden, die Gültigkeit der Ehe nachzuprüfen; denn sonst würde die Eintragung im deutschen Standesregister einen Rechtsschein schaffen, der in Deutschland und möglicherweise auch nach dem Heimatrecht nicht besteht. Die Nachprüfung der Ehevoraussetzung kann aber dem Standesbeamten dadurch erleichtert werden, daß ein Ehefähigkeitszeugnis entsprechend § 10 EheG vorzulegen ist. Befreiung davon ist aber stets zu gewähren, wenn nach dem Heimatrecht der äußere Tatbestand einer Eheschließung vorliegt und dieser eine wenigstens vorläufig gültige (vernichtbare) Ehe erzeugt hat. In diesen seltenen und schwierigen Fällen wird also die Entscheidung dem Oberlandesgerichtspräsidenten übertragen. Liegt dagegen ein Ehefähigkeitszeugnis vor, so muß der Standesbeamte nachprüfen, ob die vom Heimatrecht für die Gültigkeit vorgeschriebene Form beachtet ist. Hierfür wird er auf Grund freier Beweiswürdigung, gegebenenfalls auch dem Trauzeugnis einer Religionsgemeinschaft Glauben schenken können, die nicht Körperschaft des öffentlichen Rechts ist.

VII

Systematisch gehören diese Bestimmungen, da sie das Verfahren des Standesbeamten bestimmen, in das PStG, und zwar wohl in dessen 4. Abschnitt: „Beurkundung des Personenstandes in besonderen Fällen", etwa als § 42a. Gesetzesvorschlag ist in der Anlage beigefügt.

Gesetzesvorschlag

I. Im PStG ist einzufügen:

„§ 42a

(1) Haben Eheleute ihre Ehe im Bundesgebiet auf Grund des ..... (Art. 13 Abs. 1 des Einführungsgesetzes zum Bürgerlichen Gesetzbuch) ..... in anderer Weise als vor einem deutschen Standesbeamten geschlossen, so ist jeder von ihnen verpflichtet, binnen zwei Monaten die Eheschließung dem Standesbeamten anzuzeigen und nachzuweisen. Zeigt ein diplomatischer oder konsularischer Vertreter eines fremden Staates oder ein Vertreter einer Religionsgemeinschaft, die nach deutschem Recht Körperschaft des öffentlichen Rechts ist, an, daß die Ehe vor ihm abgeschlossen ist, so ersetzt das die Anzeige durch einen Ehegatten.

(2) Das von einem derartigen Vertreter ausgestellte Zeugnis beweist, daß nach dem ausländischen Recht die Ehe zulässig und in der gehörigen Form geschlossen ist. In anderen Fällen ist § 10 EheG entsprechend anzuwenden.

(3) Ist die Eheschließung nachgewiesen, so ist für die neugegründete

Familie ein besonderes Blatt im Familienbuch zu eröffnen. In den ersten Teil werden eingetragen:

1. Die Vor- und Familiennamen der Eheleute, ihr Beruf und Wohnort zur Zeit der Eheschließung, sowie Ort und Tag ihrer Geburt. (NB. Das Religionsbekenntnis ist nicht erwähnt, weil hinsichtlich dessen die Fortgeltung des § 11 Nr. 1 zweifelhaft ist.)
2. Die Feststellung des Standesbeamten, wann, wo und unter wessen Mitwirkung die Eheschließung stattgefunden hat.

Die Eintragung ist nur von dem Standesbeamten zu unterschreiben.

(4) Eine Eheschließung dieser Art kann nur durch die Eintragung ins Familienbuch oder eine beglaubigte Abschrift daraus bewiesen werden."

II. Im Ausschußentwurf ist in Abs. 1 der Vorschrift über die Eheschließung zuzufügen als Satz 2:

entweder:

„Die Ehe kann in Deutschland auch vor einem diplomatischen oder konsularischen Vertreter eines ausländischen Staates geschlossen werden, wenn das für einen jeden Verlobten maßgebende Recht es zuläßt."

oder:

„Vor einem diplomatischen oder konsularischen Vertreter eines ausländischen Staates können Ehen in Deutschland nur geschlossen werden, wenn dieses durch Staatsvertrag zugelassen ist."

Die Mitwirkung des deutschen Standesbeamten bei Eheschließungen in Deutschland in nichtdeutscher Form

Von HANS G. FICKER, Mainz

(vorgelegt 1957, ergänzt nach dem Stand von Ende 1961)

Die Mehrheit der Kommission „Eherecht" des Deutschen Rates für Internationales Privatrecht hat sich für die Streichung des Art. 13 Abs. 3 EGBGB ausgesprochen. Es ist hierbei jedoch die Frage aufgetaucht, ob und auf welche Weise nach Wegfall der Bestimmung in der Bundesrepublik in Auslandsform geschlossene Ehen von Ausländern zur Kenntnis der staatlichen Stellen gelangen, ob etwa eine Meldepflicht eingeführt und ob diese Meldepflicht strafrechtlich oder ordnungsstrafrechtlich gesichert werden sollte, ob und wie ferner eine Registrierung dieser Ehen in den deutschen Personenstandsbüchern erfolgen sollte.

I

Die derzeitige Rechtslage in der Bundesrepublik hinsichtlich der Meldepflicht geschlossener Ehen ist folgende: Der deutsche Standesbeamte, vor dem – bis auf die unten II zu erörternde, zahlenmäßig kaum nennenswerte Ausnahme des § 15a EheG – sämtliche bürgerlichen Ehen in Deutschland geschlossen werden, teilt eine Eheschließung mit (§§ 17, 41 der Verordnung zur Ausführung des Personenstandsgesetzes vom 12. 8. 1957 [AVO PStG]; § 460 der Dienstanweisung für die Standesbeamten und ihre Aufsichtsbehörden [DA]):

a) den Geburtsstandesbeamten der Eheleute (falls das Familienbuch bereits angelegt ist: den Standesbeamten, die die Familienbücher der Eltern der Ehegatten führen),
b) den Standesbeamten einer etwaigen früheren Ehe der Eheleute,
c) dem Vormundschaftsgericht, falls die Ehegatten ein gemeinsames voreheliches Kind haben,
d) der Meldebehörde,
e) dem Gesundheitsamt (§ 155 DA),

f) dem Statistischen Amt (§ 563 DA),
g) in einem Sonderfall (bei der Eheschließung einer umherziehenden Person ohne festen Wohnsitz) der Kriminalpolizei (§ 157 DA),
h) in einem Sonderfall (sofern ein gemeinsames voreheliches Kind der Ehegatten eine Erklärung nach Art. 16 GG abzugeben hat, vgl. § 423 a DA) der Staatsangehörigkeitsbehörde.

Ist einer oder sind beide Vertragspartner Ausländer, so ist die Eheschließungsurkunde außerdem der Behörde seines Heimatstaates, soweit dieser Vertragspartei des Haager Eheschließungsabkommens ist, zu übersenden (§ 463 Abs. 1 DA); bei der Schweiz beruht diese Übersendungspflicht auf einer bilateralen Vereinbarung vom 6. 6. 1956, Art. 3 (StAZ 1960, 60). Ratifiziert die Bundesrepublik das von ihr gezeichnete Übereinkommen über den internationalen Austausch von Auskünften in Personenstandsangelegenheiten vom 4. 9. 1958, dem der Bundestag zugestimmt hat (BGBl. 1961 II 1055, 1071 ff.), so ist diese Mitteilungspflicht auch gegenüber den Vertragsstaaten der Internationalen Zivilstandskommission gegeben.

Von den Meldebehörden erfahren die übrigen staatlichen Stellen, soweit sie interessiert sind, die Tatsache der Verheiratung, also vor allem die Finanzämter.

II

Der einzige Fall, in dem in der Bundesrepublik Deutschland Ehen mit bürgerlichrechtlicher Wirkung geschlossen werden können, bei denen der Standesbeamte nicht beteiligt ist, ist der des § 15 a EheG. Nach dieser Vorschrift kann eine Ehe zwischen Verlobten, von denen keiner Deutscher ist, auch vor einer von der Regierung des Landes, dessen Staatsangehörigkeit einer der Verlobten besitzt, ordnungsgemäß ermächtigten Person in der von den Gesetzen dieses Landes vorgeschriebenen Form geschlossen werden. Die Vorschrift ist durch das KRG Nr. 52 vom 24. 4. 1947 in das Ehegesetz eingefügt worden. Die Bestimmungen der §§ 425 Abs. 2, 459 c DA wiederholen im wesentlichen die Vorschrift und geben Einzelanweisungen über die Eintragung in das deutsche Heiratsbuch. Von dem Inhalt der Vorschrift ist von Interesse (vgl. am ausführlichsten Gerold, Ehegesetz § 15 a Anm. 5):

a) Der deutsche Standesbeamte kann nachprüfen, ob die Person, die getraut hat, ordnungsmäßig ermächtigt war; er kann hingegen nicht nachprüfen, ob die Formvorschriften des Staates, nach dessen Recht die Ehe geschlossen wurde, gewahrt worden sind;
b) Eine Verpflichtung, beglaubigte Abschrift der Eheschließungsurkunde oder des Auszuges aus dem Standesregister dem deutschen Standesbeamten vorzulegen, besteht weder für die Person,

die getraut hat, noch für die diplomatische Vertretung des Staates, dem die Ehegatten angehören, noch für die Eheleute selbst.

c) Wird dem deutschen Standesbeamten des Bezirks, in dem die Eheschließung stattfand, eine solche beglaubigte Abschrift vorgelegt, so hat er eine Eintragung in das Familienbuch *(jetzt Heiratsbuch)* zu machen (§ 15a Abs. 2 Satz 2 EheG).

Fälle einer Eheschließung nach § 15a EheG sind anscheinend sehr selten und im einzelnen nur für Griechen bekannt geworden (vgl. StAZ 1961, 217). Ich weiß nicht, ob die Standesbeamten, denen eine Abschrift einer Eheschließungsurkunde dieses Inhalts vorgelegt wird, auch in diesen Fällen die Mitteilungen nach § 460 DA machen würden; ich möchte es aber annehmen.

Der exemplarische Wert von § 15a ist gering, da die Eheleute, auf ihn gestützt, die deutschen interessierten Stellen in Unklarheit darüber lassen können, was sich ereignet hat.

III

Von größerer Bedeutung wird die Prüfung der ausländischen Rechtsordnungen sein, die neben der staatlichen die kirchliche Eheschließung mit bürgerrechtlichen Wirkungen kennen, sei es nur für Ausländer, sei es auch für Ausländer, da hier die Problemstellung überall etwa die gleiche zu sein scheint, wie sie einleitend skizziert wurde. Für *Schweden* ist allerdings eine Vergleichsmöglichkeit kaum gegeben, da hier die Führung der öffentlichen Bücher zum großen Teil in der Hand des Pfarrers liegt (vgl. Piper StAZ 1957, 232), also eine Unterrichtung der staatlichen Eheschließungsorgane (Richter und Landfiskal) über kirchlich geschlossene Ehen nicht erforderlich ist.

Jedoch findet sich in *Spanien* eine neue auf der Novelle zum código civil vom 24. 4. 1958 beruhende Regelung, die von dem hier maßgebenden Gesichtspunkt aus interessant ist. Spanien kennt die kanonische Ehe für die Katholiken und die Zivilehe für die andersgläubige Bevölkerung, wobei die letztere nur „einen Notbehelf darstellt" (Bergmann IEKR Spanien, 4). Für den ersten Fall sieht Art. 76 c.c. vor:

> „Die gemäß den Bestimmungen des kanonischen Rechtes geschlossene Ehe erzeugt von der Eheschließung an volle bürgerliche Wirkungen" (Übersetzung Bergmanns),

verlangt dann aber doch, daß die Eheschließung in das Zivilregister eingetragen wird. Gesichert wird diese Eintragung durch Art. 77 c.c., der die Ehegatten „zur Betreibung der Eintragung der Eheschließung in das Zivilregister" unter Strafandrohung (Abs. 3) verpflichtet. Sie haben dem zuständigen Richter die beabsichtigte Eheschließung mitzuteilen, der „der kanonischen Eheschließung lediglich zu dem Zweck beizuwohnen hat, um die alsbaldige Eintragung in das Zivilregister vorzunehmen". Geschieht dies nicht, so kann jeder Interessent, auch nach dem Tode der Eheschließenden, die Eintragung in das Zivilregister beantragen (Art. 77 Abs. 3 a. E.). Erst die Eintragung beweist die Tatsache der Heirat, sowie das Datum, die Stunde und den Ort, an dem sie vorgenommen wurde (Art. 69 des Gesetzes vom 8. 6. 1957 über das Zivilregister). Auch bei kirchlichen Eheschließungen in articulo mortis ist eine solche vorherige Mitteilung grundsätzlich erforderlich (Art. 78 Abs. 1 c.c.). Bemerkenswert ist demnach die Pflicht der Registrierung im staatlichen Register, die erzwungen wird einmal durch vorherige Anzeigepflicht, sodann durch die Möglichkeit für Dritte, die Eintragung zu beantragen, schließlich durch Strafbestimmungen. (Für Einzelheiten vgl. Boschan, Neues Zivilregisterrecht in Spanien, StAZ 1960, 329 ff.; 1961 Heft 2–4.)

Ähnlich ist in den Grundzügen das *italienische* System seit dem Konkordat von 1929. Nur ist hier die Beteiligung des Standesbeamten bei der kirchlichen Eheschließung noch intensiver. Der Aufbau ist folgender:

Der VI. Titel des codice civile vom 16. 3. 1942 regelt in zwei Titeln „die Eheschließung vor einem Geistlichen" und „die Eheschließung vor dem Standesbeamten". Die Eheschließung vor einem katholischen Geistlichen bestimmt sich nach dem Konkordat und den darüber ergangenen besonderen Gesetzen (Art. 82). Wir beschränken uns hier auf diese; es handelt sich im wesentlichen um das berühmte Gesetz vom 27. 5. 1929 zur Ausführung des Konkordats vom 11. 2. 1929 (bei Bergmann IEKR Italien, 35 ff.). Erstaunlich ist, daß hier bereits beim Aufgebot auf die standesamtliche Eheschließung zurückverwiesen wird (Art. 6), nämlich auf den – jetzigen – Art. 93 Abs. 1 c.c.: „Der Eheschließung muß ein Aufgebot vorangehen, das durch den Standesbeamten bewirkt wird." Der Standesbeamte stellt dann (Art. 7) „eine Bescheinigung des Inhalts aus, daß keine Gründe bekannt sind, die den Abschluß einer bürgerlichrechtlich gültigen Ehe entgegenstehen" (Übersetzung Bergmanns). Der trauende Geistliche hat den Verlobten die bürgerlichrechtlichen Ehewirkungen zu erklären (Art. 8) und hat sofort nach der Trauung dem Standesbeamten des Eheschließungsortes eine Originalausfertigung der Trauungsurkunde zu übermitteln. Dieser besorgt die Überschreibung (transcrizione) in die Zivilstandsregister in ihrer genau gesetzlich vorgeschriebenen Form (Art. 9). Der Standesbeamte hat hierbei ein recht weitgehendes Prüfungsrecht, wobei er unter Umständen den Staatsanwalt (zwecks Anfechtung der Überschreibung nach Art. 16) zu beteiligen hat. Das Ganze ist höchst kompliziert und unübersichtlich, in seinen Einzelheiten hier auch nicht von Belang. Festzuhalten ist jedoch, daß es der Standesbeamte ist, der die Ehehindernisse festzustellen hat, und daß er es ist, der alle Daten in seinem Register festzuhalten hat. Ohne Transkription hat die kirchlich geschlossene Ehe keine bürgerlichrechtlichen Wirkungen (Art. 5).

Einfacher liegen die Dinge in *England*, das gleichfalls die fakultative Zivilehe (bei faktischem Überwiegen der kirchlich geschlossenen Ehe) kennt. Der trauende Geistliche (Einzelheiten Marriage Act, 1949, 43 ff.; Metzner StAZ 1950, 36 ff.; Bergmann IEKR Großbritannien, 20 f.) hat das Heiratsregister doppelt zu führen; eine Ausfertigung dient als Kirchenbuch, die zweite wird vierteljährlich dem Superintendent Registrar (Oberstandesbeamten) übermittelt; ihm dient sie als „Erstbuch" des staatlichen Heiratsregisters. Das englische System setzt allerdings eine langjährige Tradition einerseits, eine sehr viel geringere Registrierung der Bürger auch auf anderen Gebieten (Meldewesen) als bei uns andererseits voraus.

IV

Nun könnte man sagen, all dies wäre für Inländer gut und wohl auch nötig, bei Ausländern, auch wenn sie im Inland heiraten, könne man diese Registerführung dem Heimatstaate überlassen, nach dessen Normen ja die Eheschließung vor sich gehe und die – bei Wegfall des Art. 13 Abs. 3 – nach Art. 11 Abs. 1 Satz 1 EGBGB ja auch für die Form der Eheschließung maßgebend seien, jedenfalls sein könnten. So einfach liegen die Dinge jedoch nicht. Zwar ist das Territorialprinzip im deutschen Personenstandsrecht bei der Eheschließung nicht in so starrer Form festgelegt wie bei Geburten und Sterbefällen (§§ 16 und 32 PStG). Die Territorialität bei der Eheschließung ergibt sich jedoch mittelbar daraus, daß die Zuständigkeit des Standesbeamten für Aufgebot und Eheschließung (in § 4 PStG, § 15 EheG) rein territorial auf Wohnsitz und gewöhnlichem Aufenthalt zumindest aufgebaut ist (und eine Abschaffung des Art. 13 Abs. 3 vermutlich eine umfangreiche Änderung des gerade grundlegend geänderten Personenstandsgesetzes zur Folge haben müßte). Ferner bauen Geburten- wie Sterbebuch auf Heirats- und Familienbuch auf: das Geburtenbuch insofern, als Ehelichkeit und Legitimation sich aus der dort beurkundeten Eheschließung ergeben, das Sterbebuch insofern, als der Personenstand des Verstorbenen aus dem Sterbebuch ersichtlich sein muß (§ 37 Abs. 1 Ziff. 2 PStG).

Man kann gegen die Notwendigkeit der Registrierung von im Inland geschlossenen Ehen von Ausländern auch nicht etwa einwenden, daß diese Daten bei im Ausland geschlossenen Ehen von Ausländern auch nicht ohne weiteres aus einem Register ersichtlich seien. Das mag bei der seltenen Rudimentärform der common law-Ehe ausnahmsweise der Fall sein. Aber nehmen wir den oben erörterten Fall des Italieners:

Hat er in Italien geheiratet – kirchlich oder standesamtlich – und bekommt er in Deutschland ein Kind oder stirbt er hier, so ist die Tatsache seiner Verheiratung aus dem Zivilstandsregister des Eheschließungsortes für beide Vorkommnisse einwandfrei zu ersehen; die Heiratsurkunde ist auch für den deutschen Standesbeamten ohne weiteres erhältlich. Alle Beteiligten scheinen mir nun ein Recht darauf zu haben, daß dieses Faktum ebenso klar festzustellen ist, wenn der Ehemann – bei Wegfall des Art. 13 Abs. 3 – in Deutschland lediglich kirchlich geheiratet hat, wie wenn er in Italien nur kirchlich geheiratet hat. Bei der Kompliziertheit des Eheschließungs- und des Staatsangehörigkeitsrechtes scheint mir diese klare Feststellung nur auf dem Wege über staatliche Register zu erreichen zu sein.

Man kommt also m. E. um eine weitgehende Beteiligung des Standesbeamten auch bei Wegfall des Art. 13 Abs. 3 EGBGB bei von Ausländern in Deutschland vorgenommenen kirchlichen Eheschließungen nicht herum.

V

Es fragt sich nun, wie man diese Beteiligung des deutschen Standesbeamten bei kirchlichen Inländerehen von Ausländern, deren Heimatland die fakultativ-kirchliche oder die rein kirchliche Eheschließung kennt – andere Formen kommen kaum in Frage –, am besten in das deutsche System einpaßt.

1. Das Aufgebot sollte vom Standesbeamten besorgt werden; das ist schon wegen der in derartigen Fällen besonders häufigen Anwendung des § 24 der 4. DVO EheG, jetzt des Art. 7 FamÄG (Anerkennung ausländischer Entscheidungen in Ehesachen) notwendig.
2. Liegen keine Ehehindernisse vor, so hat der Standesbeamte eine Unbedenklichkeitsbescheinigung auszustellen.
3. Traut der Geistliche, ohne daß ihm diese Bescheinigung vorliegt, so begeht er eine Ordnungswidrigkeit; diese kann allerdings nicht mit einer Geldbuße geahndet werden (argumentum a fortiori aus § 67 a PStG).
4. Die Ausfertigung der Trauungsurkunde ist von dem Geistlichen binnen 3 Tagen dem Standesbeamten des Wohnsitzes des Ehemannes zuzuleiten; hat dieser keinen Wohnsitz im Inlande, dem Standesbeamten des Wohnsitzes der Ehefrau; haben beide keinen Wohnsitz im Inland, dem nach § 15 Abs. 3 EheG zuständigen Standesbeamten.
5. Dieser registriert die Ehe im Heiratsbuch entsprechend § 459 c Abs. 2 DA und legt, wobei § 15 PStG angeglichen werden müßte, das Familienbuch an.
6. Die wirksamste Sanktion für die Erzwingung der Registrierung

wäre wohl die Übernahme des in § 214 Abs. 2 DA niedergelegten Rechtsgedankens: Ebenso wie ein gemeinsames uneheliches Kind der Brautleute mit der Eheschließung nach deutschem Recht zwar automatisch die rechtliche Stellung eines ehelichen Kindes erlangt, aber bis zur Feststellung der Legitimation durch das Vormundschaftsgericht personenstandsrechtlich als unehelich behandelt wird, ebenso dürften Kinder der im Inland kirchlich getrauten Ausländer personenstandsrechtlich erst dann als ehelich behandelt werden, wenn die Eheschließung außerdem ordnungsgemäß im Heiratsbuch registriert ist.

Die Berücksichtigung deutscher Todeserklärungen bei erneuter Eheschließung des Überlebenden

Von HORST MÜLLER, Freiburg i. Br.

(vorgelegt 1957)

I

Abs. 3 des Entwurfs zum Eheschließungsrecht bestimmt in der jetzigen Fassung:

„Ist eine Ehe durch ein rechtskräftiges Urteil eines deutschen Gerichtes für nichtig erklärt, aufgehoben oder geschieden, oder ist durch ein solches Urteil festgestellt worden, daß eine Ehe nicht besteht, so steht diese Ehe einer erneuten Eheschließung auch dann nicht entgegen, wenn das Urteil in einem ausländischen Staat nicht anerkannt wird."

Dieser Satz hat folgenden Fall vor Augen: Ein deutsches Gericht hat rechtskräftig entschieden, daß zwischen zwei Leuten eine Ehe nie bestanden hat oder nicht mehr besteht. Eine der Parteien will wieder heiraten. Nach Art. 13 Abs. 1 werden die Voraussetzungen der neuen Ehe für ihn nach seinem Heimatrecht beurteilt. Ist dieses ein ausländisches Recht, so kann es geschehen, daß der Heimatstaat das deutsche Urteil aus prozessualen oder sachrechtlichen Gründen nicht anerkennt. Dann ist für ihn der Verlobte noch verheiratet, und es steht der neuen Ehe das Hindernis der Doppelehe entgegen. Es ist nun zu unterscheiden:

1. Fall:

Der betreffende Verlobte will vor einem deutschen Standesbeamten wieder heiraten. Sein Heimatstaat wird dann das Ehefähigkeitszeugnis verweigern. Der Standesbeamte muß dann die Eheschließung ablehnen, wenn nicht Befreiung bewilligt ist. Daran ändert auch die vorgeschlagene neue Bestimmung nichts. Die zur Befreiung zuständige Stelle, zur Zeit der Oberlandesgerichtspräsident, steht vor der Frage, ob er dem nach Art. 13 Abs. 1 zuständigen Heimatrecht oder der Rechtskraft des deutschen Urteils folgen will, insbesondere, ob eine rechtskräftige deutsche Entscheidung über die frühere Ehe einen „besonderen Ausnahmefall" im Sinne des § 8 Abs. 1 Satz 2 der 1. DVO EheG darstellt. Da die Entscheidung darüber gegenwärtig[1] von den Verwaltungsgerichten nachgeprüft werden kann, so stehen diese gegebenenfalls vor der gleichen Frage.

2. *Fall:*

Die neue Ehe ist im In- oder Ausland abgeschlossen worden, ohne daß das nach Heimatrecht hier bestehende Ehehindernis der Doppelehe beachtet wurde. Ihre Gültigkeit ist jetzt in Deutschland zu beurteilen. Wieder taucht die Frage auf: Was ist stärker, die Stellungnahme des Heimatrechts oder die deutsche Rechtskraft? Allein mit dogmatischen Erwägungen läßt sich die Frage nicht beantworten, weder mit bloßer Folgerung aus Art. 13 EGBGB noch aus dem Begriff der Rechtskraft. Vielmehr handelt es sich um eine echte rechtspolitische Frage, die vom Gesetz zu lösen ist. Der Entwurf hat sich dafür entschieden, daß die Rechtskraft stärker ist. Diese Lösung hat Nachteile (hinkende Ehen). Der Entwurf sieht sie aber als geringer an als die Nachteile, welche bei der gegenteiligen Lösung eintreten (Widerspruch zwischen mehreren deutschen gerichtlichen Entscheidungen und dadurch Erschütterung der Rechtssicherheit). Es entspricht diese Entscheidung übrigens auch der allgemeinen Richtung des Entwurfs, prozessualen Fragen gegenüber materiellrechtlichen eine selbständige Bedeutung zuzugestehen, sie nach prozessualen Gesichtspunkten zu lösen und auf eine Verknüpfung mit den sonst geltenden Grundlagen des Kollisionsrechts zu verzichten. Diese Richtung tritt in den Vorschriften des Entwurfs über die internationale Zuständigkeit und die Anerkennung ausländischer Entscheidungen im Gegensatz zum bisherigen Recht deutlich zutage.

II

Der gleiche Widerspruch zwischen Heimatrecht eines „Verlobten" und der Rechtskraft einer deutschen Entscheidung entsteht in folgendem Fall: Ein Ehegatte wird von einem deutschen Gericht rechtskräftig für tot erklärt. Es wird dann nach deutschem Recht vermutet, daß er in dem festgestellten Zeitpunkt gestorben ist. Heiratet der andere Gatte wieder, so wird demgemäß vermutet, daß seine frühere Ehe durch Tod aufgelöst ist, das Ehehindernis der Doppelehe also nicht besteht. Wieder kann es aber geschehen, daß der Heimatstaat des überlebenden Ehegatten oder auch der des anderen Verlobten die Wirkung der deutschen Todeserklärung nicht anerkennt und den „Überlebenden" als noch verheiratet ansieht.

Das ist auch denkbar, wenn der für tot Erklärte Deutscher war, dann

[1] 1957, schon damals streitig, jetzt §§ 23 ff. EGGVG.

nämlich, wenn der andere Staat das Institut der Todeserklärung nicht kennt und darin etwa wie das englische Recht eine allein nach der lex fori zu entscheidende Beweisfrage sieht, oder wenn der Verschollene Doppelstaater war. Häufig aber ist mit solchem Widerspruch zu rechnen, wenn der Verschollene Ausländer war und sein Heimatrecht die Todeserklärung nicht anerkennt. Dann werden der Heimatstaat des Überlebenden oder der seines neuen Verlobten in den meisten Fällen dem Heimatrecht des Verschollenen folgen. Für die deutschen Gerichte und Behörden besteht dann genauso wie in den unter I behandelten Fällen der Konflikt mit der Rechtskraft der deutschen Entscheidung. Das kann wie gesagt auch dann eintreten, wenn die Todeserklärung nach § 12 Abs. 1 VerschG erfolgt ist.

Das EGBGB hat diesen Konflikt nicht behandelt. Der übrigens ohnehin schlecht gefaßte Art. 13 Abs. 2 ist nur eine Schutzvorschrift zugunsten der überlebenden deutschen oder früheren deutschen Ehefrau. Das ist ein ganz anderer Rechtsgedanke. Bleibt man aber in unserem Entwurf bei dem jetzt vorgesehenen Abs. 3 (oben I), so müßte der diesem zugrundeliegende Gedanke, daß die deutsche Rechtskraft stärker ist, auch hier gelten. Dies trifft nicht nur zu, wenn die Todeserklärung nach § 12 Abs. 3, sondern auch, wenn sie nach Abs. 1, 2 oder 4 ausgesprochen ist. Da es sich um den gleichen Rechtsgedanken wie im bisherigen Abs. 3 des Entwurfs handelt, gehört die Bestimmung über die Todeserklärung in diesen Absatz. Dieser würde dann Abs. 2. Bei der Neufassung könnte man auch das unschöne Passivum beseitigen. Ich schlage folgende Fassung vor:

„(2) Hat ein deutsches Gericht durch rechtskräftiges Urteil eine Ehe für nichtig erklärt, aufgehoben oder geschieden oder festgestellt, daß eine Ehe nicht besteht, so steht diese Ehe einer erneuten Eheschließung auch dann nicht entgegen, wenn das Urteil in einem ausländischen Staat nicht anerkannt wird. Entsprechendes gilt, wenn ein deutsches Gericht einen Ehegatten rechtskräftig (mit Wirkung auch für seine Ehe) für tot erklärt hat."

Damit ist auch die Todeserklärung nach § 12 Abs. 2 erfaßt. Bei richtiger Auslegung ist aber zu sagen: Der neue Abs. 2 Satz 2 setzt voraus, daß die Todeserklärung überhaupt Wirkung für die Ehe des Verschollenen gehabt hat. Beruhte sie auf § 12 Abs. 2 VerschG, so hat sie diese Wirkung nur, wenn die Ehe selbst nach Art. 14 EGBGB deutschem Recht unterstand (vgl. Raape IPR[4], 180 unten). War das nicht der Fall, so hat die Todeserklärung den Bestand der Ehe nicht berührt, und der neue Abs. 2 Satz 2 ist nicht anzuwenden. Will man Mißverständnisse darüber vermeiden, so muß man die in meinem Vorschlag in Klammern gesetzten Worte einfügen. Die jetzt vorgeschlagene Fassung gibt den

Schutzgedanken des bisherigen Art. 13 Abs. 2 EGBGB i.V.m. § 12 Abs. 3 VerschG nicht auf, da sie ja auch eine Todeserklärung erfaßt, die auf § 12 Abs. 3 beruht.

III

§ 39 VerschG kennt auch Verfahren, in denen der an sich unzweifelhafte, aber nicht im Sterbebuch eingetragene Tod oder in denen der Todeszeitpunkt festgestellt wird. M. E. handelt es sich um Beweisvorschriften, die von deutschen Gerichten oder Behörden auch ohne besondere gesetzliche Bestimmung als ihre lex fori anzuwenden sind. Die Beweisvorschriften des Heimatrechts eines Verlobten haben deutsche Behörden nicht zu beachten. Versagt der Heimatstaat das Ehefähigkeitszeugnis, weil er die deutsche Feststellung des Todes oder des Todeszeitpunktes nicht anerkennt und daher den Tod des früheren Ehegatten nicht als nachgewiesen ansieht, dann wird Befreiung zu gewähren sein.

IV

Verweigert der Heimatstaat einem Verlobten das Ehefähigkeitszeugnis nur deswegen, weil er eine deutsche Entscheidung der im vorgeschlagenen Abs. 2 genannten Art nicht anerkennt, so wird man bei verständiger Auslegung einen „besonderen Ausnahmefall" im Sinne des § 8 Abs. 1 Satz 2 der 1. DVO EheG annehmen. Auch dann ist die Befreiung Ermessensfrage, und es sind nach § 8 Abs. 2 die gesamten Verhältnisse zu berücksichtigen. Dadurch würde die neue Bestimmung an Wert verlieren. Es muß daher eine Pflicht zur Befreiung bestimmt werden. Ich schlage vor, dem Abs. 1 des § 8 der 1. DVO EheG folgenden Satz 3 anzufügen:

> „Sie ist stets zu gewähren, wenn der ausländische Staat das Ehefähigkeitszeugnis nur deswegen verweigert, weil er eine Entscheidung der in Art. 13 Abs. 2 des Einführungsgesetzes zum Bürgerlichen Gesetzbuch genannten Art nicht anerkennt."

Zur Reform des deutschen internationalen Rechts der persönlichen Ehewirkungen

Von GERHARD KEGEL, Köln

(vorgelegt 1955)

INHALTSÜBERSICHT

I. Internationales Privatrecht

1. Maßgebliches Recht

a) Gleiche Staatsangehörigkeit der Eheleute

Art. 14 Abs. 1 EGBGB bestimmt:

„Die persönlichen Rechtsbeziehungen deutscher Ehegatten zueinander werden nach den deutschen Gesetzen beurteilt, auch wenn die Ehegatten ihren Wohnsitz im Auslande haben."

Diese einseitige Kollisionsnorm ist unstreitig zur allseitigen zu erweitern: bei gleicher Staatsangehörigkeit der Eheleute unterliegen die persönlichen Ehewirkungen dem gemeinsamen Heimatrecht der Eheleute. Gegen diese Regel ist – bei Anerkennung des Staatsangehörigkeitsprinzips – rechtspolitisch nichts einzuwenden. Nur sollte man sie anläßlich einer Reform auch als allseitige formulieren, wie dies der *österreichische Entwurf* tut. Mein Vorschlag wäre:

„Für die persönlichen Wirkungen der Ehe ist maßgebend das Recht des Staates, dem beide Ehegatten angehören."

(Siehe Scheidungsgutachten unten S. 110 und zur Ersetzung von „Gesetzen" durch „Recht" S. 110 a. E.)

b) Verschiedene Staatsangehörigkeit der Eheleute

Einen Sonderfall verschiedener Staatsangehörigkeit der Eheleute regelt *Art. 14 Abs. 2* EGBGB:

„Die deutschen Gesetze finden auch Anwendung, wenn der Mann die Reichsangehörigkeit verloren, die Frau sie aber behalten hat."

Darüber, wie *de lege lata* andere Fälle verschiedener Staatsangehörigkeit zu behandeln sind, herrscht Streit. Über den Stand der Meinungen ist schon berichtet worden (Scheidungsgutachten unten S. 107 f.). Nach Ansicht des Verfassers (unten S. 108) ist allgemein das *letzte gemeinsame Heimatrecht* maßgebend, solange einer der Eheleute die ehedem gemeinsame Staatsangehörigkeit ununterbrochen beibehalten hat. In den übrigen Fällen (die Eheleute haben nie eine gemeinsame Staatsangehörigkeit gehabt oder haben beide eine neue, aber verschiedene Staatsangehörigkeit erworben) entscheidet der *Grundsatz des schwächeren Rechts:* verglichen mit dem jeweiligen status quo (sei es der Zustand vor der Ehe, sei es der unmittelbar vorangehende Zustand in der Ehe), treten die persönlichen Ehewirkungen nur desjenigen Heimatrechts ein, das die schwächeren Wirkungen anordnet (vgl. Scheidungsgutachten unten S. 108 f.; doch ist die Formulierung jetzt verbessert).

De lege ferenda sollte bei verschiedener Staatsangehörigkeit zwischen das letzte gemeinsame Heimatrecht und den Grundsatz des schwächeren Rechts noch das Aufenthaltsprinzip eingeschoben werden (unten S. 108, 111). Am besten wählt man eine vierfache Abstufung:

1. *Gemeinsamer gewöhnlicher Aufenthalt* der Eheleute;
2. *letzter gemeinsamer gewöhnlicher Aufenthalt* der Eheleute, falls einer der Eheleute ihn (als gewöhnlichen oder schlichten) ununterbrochen beibehalten hat;
3. *gemeinsamer schlichter Aufenthalt* der Eheleute;

4. *letzter gemeinsamer schlichter Aufenthalt* der Eheleute, falls einer der Eheleute ihn (als schlichten oder gewöhnlichen) ununterbrochen beibehalten hat.

Ich schlage folgende Gesetzesbestimmung vor:

Art. ..... *(Persönliche Wirkungen der Ehe)*

I

1. Für die persönlichen Wirkungen der Ehe ist maßgebend das Recht des Staates, dem beide Ehegatten angehören.
2. Gehören die Ehegatten verschiedenen Staaten an, so ist maßgebend das Recht des Staates, dem beide Ehegatten während der Ehe zuletzt angehört haben, falls einer der Ehegatten diesem Staate immer noch angehört.

II

1. In anderen als den Fällen des Abs. 1 ist maßgebend das Recht des Staates, in dem die Ehegatten gemeinsamen gewöhnlichen Aufenthalt haben oder mangels eines solchen zuletzt gehabt haben, falls sich einer der Ehegatten in diesem Staat noch immer aufhält.
2. Haben die Ehegatten in keinem Staat gemeinsamen gewöhnlichen Aufenthalt, und haben sie einen solchen auch nicht gehabt, oder haben sie in einem Staat gemeinsamen gewöhnlichen Aufenthalt gehabt, aber hält sich in diesem Staat keiner der Ehegatten noch immer auf, so (oder „in anderen Fällen als den Fällen des Satz 1") ist maßgebend das Recht des Staates, in dem die Ehegatten gemeinsamen Aufenthalt haben oder mangels eines solchen zuletzt gehabt haben, falls sich einer der Ehegatten in diesem Staat noch immer aufhält.

Abs. II dieses Vorschlages weicht ab sowohl von meinem ursprünglichen Vorschlag (Scheidungsgutachten unten S. 110 Abs. III und IV) wie von dem Vorschlag, der in der Niederschrift über die Kommissionssitzung vom 19./21. 4. 1955 enthalten ist (Ehescheidung S. 2 a. E.). Mein jetziger Vorschlag ist sachlich etwas genauer als der frühere und ist m. E. klarer als der Vorschlag in der Niederschrift, dessen Satz 2 eine Verweisung darstellt und nur durch verwickelte Rechenoperationen seinem Inhalt nach genau bestimmt werden kann.

Als *Beispiel* für Abs. II diene folgender Grundfall: Ein Berufstänzerehepaar, Mann immer Engländer, Frau immer Französin. Der Mann gibt eines Tages der Frau kein Geld mehr, und sie verklagt ihn auf Unterhalt.

Abs. I scheidet aus, da die Eheleute keine gemeinsame Staatsangehörigkeit besitzen (I 1) noch besessen haben (I 2).

Abs. II greift in folgenden Fällen ein:

1. Die Eheleute leben ständig gemeinsam in den USA; US-amerikanisches Recht ist anwendbar (Abs. II 1 *Fall 1*);
2. Die Eheleute haben ständig gemeinsam in den USA gelebt; der

Mann ist nach Italien gegangen und zahlt jetzt nicht mehr; die Frau ist in den USA geblieben, gleich, ob sie hier ununterbrochen noch gewöhnlichen oder (soweit dies rechtlich möglich sein sollte) nur noch schlichten Aufenthalt hat; US-amerikanisches Recht ist anwendbar (Abs. II 1 *Fall 2*);

3. Die Eheleute haben ständig gemeinsam in den USA gelebt; der Mann ist nach Italien gegangen; die Frau ist ihm gefolgt, aber mit der Erklärung, sie tue dies nur vorübergehend und wolle weiterhin in den USA leben; der Mann zahlt jetzt nicht mehr; obwohl hier gegenwärtiger gemeinsamer schlichter Aufenthalt in Italien gegeben ist, entscheidet der letzte gemeinsame gewöhnliche Aufenthalt; US-amerikanisches und nicht italienisches Recht ist anwendbar (Abs. II 1 *Fall 2*, nicht Abs. II 2); immerhin ist dieser Fall zweifelhaft (unten S. 111); denn man könnte eine gegenwärtige schwache einer vergangenen starken gemeinsamen Anknüpfung vorziehen; dem steht jedoch das Beharrungsvermögen des alten gemeinsamen Anknüpfungsmoments entgegen, solange es von einem der Ehegatten beibehalten wird; auch die letzte gemeinsame Staatsangehörigkeit, solange sie von einem der beiden Eheleute bewahrt wird (Abs. I 2), hat Vorrang vor dem jetzigen gemeinsamen gewöhnlichen Aufenthalt (Abs. II 1 Fall 1).

Abs. II deckt folgende Fälle:

1. Die Eheleute ziehen von Land zu Land; sie haben keine feste Wohnung, sondern leben in Hotelzimmern; bei einem Aufenthalt in Italien stellt der Mann seine Zahlungen ein; italienisches Recht ist anwendbar (Abs. II 2 *Fall 1*);

2. Die Eheleute sind von Land zu Land gezogen; sie haben keine feste Wohnung gehabt, sondern in Hotelzimmern gelebt, zuletzt in Italien; der Mann ist allein nach Brasilien gefahren und schickt von dort kein Geld mehr; die Frau ist in Italien geblieben; italienisches Recht ist anwendbar, solange die Frau in Italien bleibt, gleich ob sie hier den bisher nur schlichten Aufenthalt beibehält oder gewöhnlichen Aufenthalt begründet (Abs. II 2 *Fall 2*);

3. Die Eheleute sind von Land zu Land gezogen; sie haben keine feste Wohnung gehabt, sondern in Hotelzimmern gelebt, zuletzt in Italien; der Mann ist allein nach Brasilien gefahren, die Frau hat in Italien eine Wohnung genommen; auf Wunsch des Mannes kommt die Frau nach Brasilien, erklärt aber, dies geschehe nur vorübergehend, auf die Dauer wolle sie in Italien bleiben; als die Frau nach Italien zurückfährt, zahlt der Mann nicht mehr; er bleibt in Brasilien; dem Wortlaut des Abs. II 2 *Fall 2* nach ist hier brasilianisches Recht anzuwenden, da die Eheleute in Brasilien den letzten gemeinsamen schlichten Aufenthalt hatten; dem Sinn des Abs. II 2 Fall 2 nach scheint

aber eher italienisches Recht anwendbar zu sein: dadurch, daß die Frau in Italien, wo die Eheleute zuletzt regelmäßig zusammenlebten, gewöhnlichen Aufenthalt begründet hat, bevor sie vorübergehend nach Brasilien gegangen ist, erhält der vorletzte gemeinsame schlichte Aufenthalt (Italien) für die Rechtsanwendung stärkeres Gewicht als der letzte (Brasilien). Doch ist der Fall zu delikat und selten, als daß er einer ausdrücklichen Entscheidung des Gesetzgebers bedürfte.

Der *österreichische Entwurf* in seinen verschiedenen Fassungen (Entwurf Beilage A S. 7, Entwurf 1. Fassung Beilage B S. 8, Erläuterungen zum Entwurf Beilage C S. 33, Entwurf revidierte Fassung S. 7) stimmt für den Fall verschiedener Staatsangehörigkeit mit unserem Vorschlag überein, insoweit als an erster Stelle das letzte gemeinsame Heimatrecht entscheidet, wenn einer der Eheleute die gemeinsame Staatsangehörigkeit beibehalten hat. Dann wird zum Aufenthaltsprinzip übergegangen und wie hier zunächst an den gegenwärtigen gemeinsamen gewöhnlichen Aufenthalt angeknüpft. Hilfsweise entscheidet der letzte gemeinsame gewöhnliche Aufenthalt, jedoch m. E. mit Unrecht ohne die Einschränkung, daß einer der Eheleute den Aufenthalt als gewöhnlichen oder schlichten beibehalten haben muß. Beim Fehlen gegenwärtigen oder vergangenen gemeinsamen gewöhnlichen Aufenthalts wird, m. E. verfehlt, das österreichische Recht angewandt. Ebenso verfehlt scheint mir die allgemeine Anwendung österreichischen Rechts, wenn einer der Eheleute Österreicher ist.

c) *Aufenthaltsrecht und schwächeres Recht*

Im Scheidungsgutachten unten S. 108 f. hatte ich vorgeschlagen, von der Anknüpfung an die *Staatsangehörigkeit* hilfsweise zur Anknüpfung an den Aufenthalt überzugehen und zweithilfsweise dem Grundsatz des *schwächeren Rechts* zu folgen. Die Kommission glaubte auf eine gesetzliche Regelung der Fälle, in denen sowohl die Staatsangehörigkeits- wie die Aufenthaltsanknüpfung versagen, wegen der Seltenheit verzichten und die Entscheidung der Praxis überlassen zu können (Niederschrift über die Sitzung vom 19./21. 4. 1955 Ehescheidung S. 2). Die Kommission war sich aber auch darüber klar, daß das Aufenthaltsprinzip nicht immer befriedige (a.a.O.). Daher soll hierzu einiges bemerkt werden.

Grundgedanke des Staatsangehörigkeitsprinzips im Verhältnis zum Wohnsitz- oder Aufenthaltsprinzip ist Vorrang der Abstammung vor der Umwelt: man nimmt an, daß eine Person sich enger mit dem Recht des Staates, dem sie angehört, verbunden fühlt als mit dem Recht des Staates, in dem sie lebt; der Staat, dem man angehört, ist aber in der großen Mehrzahl der Fälle, in denen Heimatstaat und Aufenthaltsstaat auseinanderfallen, der Staat, in dem man aufgewachsen ist.

Von hier aus gesehen, könnte man bei verschiedener Staatsangehörigkeit der Eheleute und beim Fehlen ausreichender Anknüpfungen an ein letztes gemeinsames Heimatrecht zu der Meinung gelangen, das *Aufenthaltsprinzip* sei gänzlich *auszuschalten* und man solle sofort zum Grundsatz des schwächeren Rechts übergehen. Diese Meinung hat insbesondere dann viel für sich, wenn die verschiedenen *Heimatrechte* der Eheleute *einander verwandt* sind, während das *Aufenthaltsrecht* einem anderen Rechtskreis angehört. Man denke an den Fall, daß ein Ehepaar, Mann Belgier, Frau Französin, beide also dem französischen Rechtskreis verbunden, in Teheran (moslemisches Recht), London (angloamerikanisches Recht) oder selbst Köln (deutscher Rechtskreis) lebt.

Würde man das Aufenthaltsprinzip zugunsten des Prinzips des schwächeren Rechts nur in den Fällen preisgeben, in denen die beiden Heimatrechte einander ähnlicher sind als jedes von ihnen dem Aufenthaltsrecht, so würde man von einer Grundregel des bisherigen internationalen Privatrechts abweichen, nämlich von dem Satz, daß für das internationale Privatrecht *alle materiellen Rechte gleichwertig* sind (oder anders ausgedrückt: daß die materiellrechtliche Gerechtigkeit für die internationalprivatrechtliche Gerechtigkeit belanglos ist). Eine Abqualifizierung bestimmter Rechtsordnungen (z. B. des moslemischen Rechts gegenüber den europäischen Rechten) würde darin nicht liegen. Denn man hätte mit einer *internationalen komparativen Entfernungsskala* zu arbeiten: sobald das Aufenthaltsrecht einen bestimmten Grad der Abweichung von den Heimatrechten der Eheleute erreicht, wäre es nicht anzuwenden, sondern zum Grundsatz des schwächeren Rechts überzugehen. Dies könnte z. B. auch der Fall sein, wenn ein moslemisches Ehepaar, Mann Perser, Frau Ägypterin, in Köln lebte.

Ich glaube, daß dieser Gedanke eine Zukunft haben könnte. Gegenwärtig ist er wohl nicht reif und erprobt genug, um ihn in eine Kodifikation einzuführen.

Dann aber bleibt nur die Wahl zwischen den Möglichkeiten, das Aufenthaltsrecht immer oder nie zwischen das Heimatrecht und den Grundsatz des schwächeren Rechts einzuschieben. Da immerhin extreme Abweichungen des Aufenthaltsrechts von den Heimatrechten der Eheleute selten sind, andererseits der Grundsatz des schwächeren Rechts, der aus beiden Heimatrechten die jeweils schwächere Wirkung aussiebt, ein künstliches Gesamtgebilde („Harlekin") herstellt, ist die Einschaltung des Aufenthaltsrechts vorzuziehen.

Bisweilen hilft der *ordre public*. Aber seine Aufgabe ist eine andere:

er hilft bei Abweichungen des Aufenthaltsrechts von der lex fori, die für die Allgemeinheit untragbar sind, nicht bei Abweichungen des Aufenthaltsrechts von den Heimatrechten der Eheleute, die für die Eheleute untragbar sind.

d) Fehlen einer Ehe nach dem Statut der persönlichen Ehewirkungen

Es kann vorkommen (insbesondere in Fällen des Art. 13 Abs. 3 EGBGB, aber auch sonst), daß eine Ehe nach dem vom deutschen internationalen Privatrecht berufenen materiellen Recht besteht, während nach dem internationalen Privatrecht des Staates, dessen materielles Recht die persönlichen Ehewirkungen beherrscht, eine Nichtehe vorliegt. Manche nehmen hier an (wie im Parallelfall der Scheidung, unten S. 113 f.), daß deutsches Recht die persönlichen Ehewirkungen beherrscht (LG Düsseldorf MDR 1952, 623; Frankenstein III 215). M. E. ist auch hier das für die persönlichen Ehewirkungen maßgebende materielle Recht anzuwenden. Die Frage sollte jedoch wie bei der Scheidung (unten S. 114) gesetzlich nicht geregelt werden. Sie tritt überdies bei den persönlichen Ehewirkungen viel seltener auf als bei der Scheidung.

2. Maßgeblicher Zeitpunkt

Art. 14 EGBGB nennt den maßgeblichen Zeitpunkt nicht. Unstreitig ist das Statut der persönlichen Ehewirkungen *wandelbar*. Das durch die maßgebliche Anknüpfung bestimmte Recht ist anzuwenden auf Tatbestände, die sich ereignet haben, solange die maßgebliche Anknüpfung bestanden hat. Fragen des Statutenwechsels sind nach allgemeinen Grundsätzen zu lösen.

Wie bisher kann auch in Zukunft auf eine ausdrückliche Hervorhebung des maßgeblichen Zeitpunkts im Gesetz verzichtet werden. Dies um so mehr, als auch in den künftigen Scheidungsvorschriften im Gegensatz zum jetzigen Art. 17 EGBGB der maßgebliche Zeitpunkt übergangen werden soll (unten S. 115 mit Ausnahme S. 117; Niederschrift über die Kommissionssitzung vom 19./21. 4. 1955 Ehescheidung S. 2 a. E. f., 3 a. E.). Auch der *österreichische Entwurf* in seinen verschiedenen Fassungen nennt für die persönlichen Ehewirkungen den maßgeblichen Zeitpunkt nicht.

3. Umfang der Regelung

Die Rechtssätze über die persönlichen Ehewirkungen unterscheiden sich vom *Ehegüterrecht* darin, daß sie die Ehe im Ganzen, unabhängig von einzelnen Güterständen, regeln, während sich das Ehegüterrecht mit den einzelnen Güterständen befaßt. Sie unterscheiden sich von *anderen Rechtsgebieten* darin, daß sie mit Rücksicht auf die Ehe als Ganzes (und nicht bloß für einzelne Güterstände) Sonderregeln aufstellen. Der Ausdruck „persönliche" Ehewirkungen leitet irre. Denn auch vermögensrechtliche Beziehungen gehören hierher. So im Verhältnis zwischen den Eheleuten: Unterhaltsansprüche, Haftungsmaßstab, verbotene Geschäfte zwischen den Eheleuten. So im Verhältnis zu Dritten: Schlüsselgewalt, Besonderheiten in der Geschäftsfähigkeit der Frau, verbotene Geschäfte mit Dritten, Eigentumsvermutungen. Man würde daher besser von *„allgemeinen" Ehewirkungen* sprechen. Indessen kann man von solcher Umtaufe bei einer Reform wohl absehen, da der Ausdruck „persönliche" Ehewirkungen eingebürgert ist und selten mißverstanden wird. Dagegen ist der Ausdruck „persönliche Rechtsbeziehungen der Ehegatten zueinander", den der *österreichische Entwurf* in seinen verschiedenen Fassungen benutzt, m. E. zu vermeiden, da er die Beziehungen zu Dritten nicht einschließt.

Im einzelnen ergeben sich, wie bekannt, bei Abgrenzung der persönlichen Ehewirkungen subtile *Qualifikationsfragen.* Es sei nur erinnert an den Prozeßkostenvorschuß, an das den einstweiligen Anordnungen im Eheprozeß zugrunde zu legende Recht (Getrenntleben, Unterhalt, Prozeßkostenvorschuß: § 627 ZPO; Ehewohnung und Hausrat: § 19 der 6. DVO EheG), an die verbotenen Geschäfte zwischen Eheleuten (Schenkung, Kauf, Gesellschaft) und an die Eigentumsvermutungen. Doch erscheint ein Eingriff des Gesetzgebers hier unnötig; er würde eher stören. Keinen Nutzen verspricht die Hervorhebung des Unterhaltsanspruchs wie im *österreichischen Entwurf* in seinen verschiedenen Fassungen. Eine beispielhafte Nennung des Unterhaltsanspruches und dann aber auch anderer wichtiger Fälle, z. B. des Herstellungsanspruchs, würde nur dann geboten sein, wenn man allgemein bei der Reform einen „anschaulichen" Stil wählen würde, wie z. B. seiner Zeit im Testamentsgesetz.

Eine ausdrückliche Sondervorschrift wäre allenfalls für den *Namen* der Eheleute zu erwägen. Die herrschende Lehrmeinung rechnet ihn zu den persönlichen Ehewirkungen, unterwirft allerdings den Namensschutz dem Heimatrecht des Namensträgers. Dagegen beurteilte das Reichsgericht den ehelichen Namen nach dem Heimatrecht des Ehegatten (RG 95, 268) und, was den Namensschutz anlangt, scheint die Rechtsprechung bei sämtlichen Namen vom Heimatrecht des Berechtigten zur lex fori überzugehen. M. E. ist der eheliche Name (ebenso wie der Name der geschiedenen Frau: unten S. 120) für eine Sonderregelung nicht wichtig genug. Wollte man ihn gleichwohl regeln, so geschähe dies wegen der Zusammenhänge mit dem allgemeinen internationalen

Namensrecht besser im Rahmen einer allgemeinen Namensvorschrift.

Am Rande sei noch bemerkt: die von der Kommission beschlossene Zulässigkeit der *Trennung von Tisch und Bett* in Deutschland (Niederschrift über die Sitzung vom 19./21. 4. 1955, Ehescheidung S. 1) beseitigt fühlbare Schwierigkeiten bei der Anwendung ausländischen materiellen Rechts der persönlichen Ehewirkungen. Denn Trennungen, die nach solchem Recht den Anspruch auf Herstellung oder Unterhalt beeinflussen, können danach auch in Deutschland ausgesprochen werden (unten S. 105).

4. Verkehrsschutz

Die geltenden Bestimmungen über den Verkehrsschutz sind unendlich schwierig. Ihre Schwierigkeit ist umgekehrt proportional ihrer praktischen Bedeutung: diese ist gleich null.

In Betracht kommt zunächst *Art. 16 EGBGB:*

„Haben ausländische Ehegatten oder Ehegatten, die nach der Eingehung der Ehe die Reichsangehörigkeit erwerben, den Wohnsitz im Inlande, so finden die Vorschriften des § 1435 des Bürgerlichen Gesetzbuchs entsprechende Anwendung: der ausländische gesetzliche Güterstand steht einem vertragsmäßigen gleich.

Die Vorschriften der §§ 1357, 1362, 1405 des Bürgerlichen Gesetzbuchs finden Anwendung, soweit sie Dritten günstiger sind als die ausländischen Gesetze."

Die Formulierung ist unglücklich. Klarer würde es heißen:

„Haben Ehegatten, deren Güterrecht nach ausländischen Gesetzen beurteilt wird, den Wohnsitz im Inlande, so finden die Vorschriften des § 1435 des Bürgerlichen Gesetzbuchs entsprechende Anwendung; ein ausländischer gesetzlicher Güterstand steht einem vertragsmäßigen gleich. Die Vorschriften des § 1405 des Bürgerlichen Gesetzbuchs finden Anwendung, soweit sie Dritten günstiger sind als die ausländischen Gesetze.

Haben Ehegatten, deren persönliche Rechtsbeziehungen zueinander nach ausländischen Gesetzen beurteilt werden, den Wohnsitz im Inlande, so finden die Vorschriften der §§ 1357, 1362 des Bürgerlichen Gesetzbuchs Anwendung, soweit sie Dritten günstiger sind als die ausländischen Gesetze."

Ins Gebiet der persönlichen Ehewirkungen gehört Art. 16, soweit er §§ 1357, 1362 BGB für anwendbar erklärt. Soweit er dagegen §§ 1405, 1435 BGB beruft, gehört er ins Ehegüterrecht.

Bedeutsam ist weiterhin *§ 11 a Gewerbeordnung:*

„Betreibt eine Ehefrau, für deren güterrechtliche Verhältnisse ausländische Gesetze maßgebend sind, im Inlande selbständig ein Gewerbe, so ist es auf ihre Geschäftsfähigkeit in Angelegenheiten des Gewerbes ohne Einfluß, daß sie Ehefrau ist.

Soweit die Frau infolge des Güterstandes in der Verfügung über ihr Vermögen beschränkt ist, finden die Vorschriften des § 1405 des Bürgerlichen Gesetzbuchs Anwendung. Hat die Frau ihren Wohnsitz nicht im Inlande, so ist der Einspruch des Mannes gegen den Betrieb des Gewerbes und der Widerruf der erteilten Einwilligung in das Güterrechtsregister des Bezirkes einzutragen, in welchem das Gewerbe betrieben wird.
Betreibt die Frau das Gewerbe mit Einwilligung des Mannes oder gilt die Einwilligung nach § 1405 Abs. 2 des Bürgerlichen Gesetzbuchs als erteilt, so haftet für die Verbindlichkeiten der Frau aus dem Gewerbebetrieb ihr Vermögen ohne Rücksicht auf die dem Manne kraft des Güterstandes zustehenden Rechte; im Falle des Bestehens einer ehelichen Gütergemeinschaft haftet auch das gemeinschaftliche Vermögen."

Abs. 1 fällt in das Gebiet der persönlichen Ehewirkungen; Abs. 2 und 3 gehören ins Ehegüterrecht.

Für die Geschäftsfähigkeit, unabhängig von der Heirat, ist wichtig *Art. 7 Abs. 3 EGBGB:*

„Nimmt ein Ausländer im Inland ein Rechtsgeschäft vor, für das er geschäftsunfähig oder in der Geschäftsfähigkeit beschränkt ist, so gilt er für dieses Rechtsgeschäft insoweit als geschäftsfähig, als er nach den deutschen Gesetzen geschäftsfähig sein würde. Auf familien- und erbrechtliche Rechtsgeschäfte sowie auf Rechtsgeschäfte, durch die über ein ausländisches Grundstück verfügt wird, findet diese Vorschrift keine Anwendung."

Schließlich sind nach h. M. analog Art. 16 anzuwenden *§§ 27, 37 EheG:*

§ 27

„*Schutz gutgläubiger Dritter.* Einem Dritten gegenüber können aus der Nichtigkeit der Ehe Einwendungen gegen ein zwischen ihm und einem der Ehegatten vorgenommenes Rechtsgeschäft oder gegen ein zwischen ihnen ergangenes rechtskräftiges Urteil nur hergeleitet werden, wenn die Ehe bereits zur Zeit der Vornahme des Rechtsgeschäfts oder zur Zeit des Eintritts der Rechtshängigkeit für nichtig erklärt oder die Nichtigkeit dem Dritten bekannt war."

§ 37

„Die Folgen der Aufhebung einer Ehe bestimmen sich nach den Vorschriften über die Folgen der Scheidung.
In den Fällen der §§ 30 bis 32 ist der Ehegatte als schuldig anzusehen, der den Aufhebungsgrund bei Eingehung der Ehe kannte; in den Fällen der §§ 33 und 34 der Ehegatte, von dem oder mit dessen Wissen die Täuschung oder die Drohung verübt worden ist."

M. E. kann die Frage einer Reform der Bestimmungen über den Verkehrsschutz erfolgreich nur angegangen werden, wenn sie in allen ihren Ausstrahlungen betrachtet wird. Dafür ist Kenntnis der geplanten gewöhnlichen Kollisionsnormen nicht nur für die persönlichen Ehewirkungen, sondern auch für das Ehegüterrecht, die Eheschließung und die Geschäftsfähigkeit nötig. Die Erörterung des Verkehrsschutzes sollte daher vorerst zurückgestellt werden. Dies hätte auch den Vorteil, daß die durch Einführung der Gleichberechtigung im deutschen materiellen Recht entstandene Lage sich mehr als bislang gefestigt haben würde. Denn das deutsche materielle Recht soll ja durch die Verkehrsschutzregeln gegenüber ausländischem materiellem Recht durchgesetzt werden, vorbehaltlich allerdings der Zweiseitigkeit neuer Kollisionsnormen über den Verkehrsschutz.

5. Gesetzesvorschlag

Art. . . . . . *(Persönliche Wirkungen der Ehe)*

I

1. Für die persönlichen Wirkungen der Ehe ist maßgebend das Recht des Staates, dem beide Ehegatten angehören.
2. Gehören Ehegatten verschiedenen Staaten an, so ist maßgebend das Recht des Staates, dem beide Ehegatten während der Ehe zuletzt angehört haben, falls einer der Ehegatten diesem Staate immer noch angehört.

II

1. In anderen als den Fällen des Abs. 1 ist maßgebend das Recht des Staates, in dem die Ehegatten gemeinsamen gewöhnlichen Aufenthalt haben oder mangels eines solchen zuletzt gehabt haben, falls sich einer der Ehegatten in diesem Staate noch immer aufhält.
2. Haben die Ehegatten in keinem Staat gemeinsamen gewöhnlichen Aufenthalt und haben sie einen solchen auch nicht gehabt, oder haben sie in einem Staat gemeinsamen gewöhnlichen Aufenthalt gehabt, aber hält sich in diesem Staat keiner der Ehegatten noch immer auf, so (oder „in anderen als den Fällen des Satz 1") ist maßgebend das Recht des Staates, in dem die Ehegatten gemeinsamen Aufenthalt haben oder mangels eines solchen zuletzt gehabt haben, falls sich einer der Ehegatten in diesem Staat noch immer aufhält.

II. Internationales Verfahrensrecht

1. Verfahrensarten

Im deutschen materiellen Verfahrensrecht werden Streitigkeiten über persönliche Ehewirkungen in verschiedenen Verfahrensarten ausgetragen, nämlich teils im *Zivilprozeß,* teils im Verfahren der *freiwilligen Gerichtsbarkeit.* Im Zivilprozeß ist wiederum regelmäßig der *ordentliche Rechtsstreit* vorgesehen, z. B. für Unterhaltsklagen. Dagegen gehören Herstellungsklagen zu den „Ehesachen" (§ 606 ZPO).

Über sie wird mithin im *Statusprozeß* entschieden. Dasselbe gilt für *einstweilige Anordnungen* über Getrenntleben und Unterhalt, die nach § 627 ZPO im Verlauf eines Statusprozesses ergehen. Ins Verfahren der freiwilligen Gerichtsbarkeit gehören Registersachen; so Streitigkeiten über Eintragungen ins Güterrechtsregister im Zusammenhang mit der Schlüsselgewalt und Streitigkeiten über Eintragungen ins Personenstandsregister im Zusammenhang mit dem ehelichen Namen.

Soweit die internationale Zuständigkeit *deutscher* Gerichte in Frage steht, ist von dieser Aufteilung der Verfahrensarten auszugehen; denn eine Reform des deutschen materiellen Verfahrensrechts steht hier nicht zur Erörterung. Im *ausländischen* materiellen Verfahrensrecht können die Verfahrensarten anders verteilt oder dem deutschen Recht unbekannte Verfahren vorgesehen sein (z. B. gerichtliche Genehmigung der Verbürgung der Frau für den Mann nach Art. 177 Abs. 3 des schweizerischen ZGB). Auf die daraus entstehenden Schwierigkeiten braucht jedoch hier nicht eingegangen zu werden. Denn sie sind auf dem Gebiet der persönlichen Ehewirkungen bisher nicht erheblich.

2. Freiwillige Gerichtsbarkeit

Schwierigkeiten verursacht nach geltendem Recht die Frage, ob Gerichte Deutschlands als des Wohnsitzstaates international zuständig sind, auch wenn der Heimatstaat ausschließliche internationale Zuständigkeit in Anspruch nimmt. Man hat diese Frage für die Beschränkung, Entziehung und Wiederherstellung der Schlüsselgewalt und für gerichtliche Mitwirkung bei (grundsätzlich verbotenen) Rechtsgeschäften mit Dritten erörtert (z. B. Dölle RabelsZ 16 [1951], 379, 384[4]). M. E. ist die Frage zu bejahen. Sie ist jedoch nicht wichtig genug, um sie gesetzlich zu regeln.

3. Ordentlicher Rechtsstreit

Die meisten Streitigkeiten über persönliche Ehewirkungen, insbesondere Unterhaltsstreitigkeiten, werden in Deutschland im ordentlichen Rechtsstreit ausgetragen. Besondere Schwierigkeiten (etwa für internationale Zuständigkeit oder Anerkennung ausländischer Urteile), die sich gerade auf Streitigkeiten über persönliche Ehewirkungen bezögen, sind nicht aufgetreten. Zu Reformvorschlägen besteht daher für die Eherechtskommission grundsätzlich kein Anlaß.

Eine Ausnahme gilt für den Unterhaltsprozeß. Der *österreichische Entwurf* (revidierte Fassung S. 5, Begründung der revidierten Fassung S. 3, Schlußfassung Beilage A S. 5) erstreckt die internationale Zuständigkeit für Ehesachen auf mit ihnen verbundene vermögensrechtliche Klagen und damit auf die Unterhaltsklage. Im Scheidungsgutachten (unten S. 132 a. E. f.) hatte ich bemerkt, diese Regelung komme für Deutschland nicht in Betracht, weil nach §§ 615, 633 ZPO Unterhaltsklagen mit Ehesachen nicht verbunden werden könnten (was man bedauern möge). Nach abermaliger Überlegung möchte ich empfehlen, die *internationale Zuständigkeit* für Klagen auf Unterhalt während der Ehe und nach der Scheidung (insofern Ergänzung des Scheidungsgutachtens!), obwohl sie mit Ehesachen nicht verbunden werden können, der internationalen Zuständigkeit in Scheidungs- und Trennungssachen anzugleichen. Denn die rechtspolitische Lage ist hier im wesentlichen dieselbe wie dort (unten S. 123–133). Ein Unterschied ergibt sich nur in der Begründung der internationalen Zuständigkeit des Aufenthaltsstaates jedes Ehegatten. Sie wurde bei Scheidung und Trennung damit begründet, daß internationale Mischehen (Aufenthalt der Eheleute in verschiedenen Staaten) besonders gefährdet sind und deswegen bei ihrer Scheidung und Trennung Großzügigkeit geboten ist (unten S. 126). Dieser Grund gilt nicht für Klagen auf Unterhalt während der Ehe und nach Scheidung der Ehe. Aber ein anderer Grund fordert hier Großzügigkeit: Kläger ist regelmäßig die geschädigte Frau, und die meisten Unterhaltskläger befinden sich in schlechter Lage. Die Notwendigkeit, Rechtsschutz im Ausland zu suchen, würde eine weitere Erschwerung bedeuten. Sie kann im Unterhaltsprozeß eher dem Beklagten als dem Kläger angesonnen werden.

Erkennt man dies an, so könnte man es doch für die *Verfahrensart* beim geltenden Recht belassen (Unterhaltsklage im ordentlichen Rechtsstreit). Ebenso brauchte an der *örtlichen Zuständigkeit* für Unterhaltsklagen grundsätzlich nichts geändert zu werden. Nur müßte, weil die örtliche Zuständigkeit für Unterhaltsklagen nunmehr enger umgrenzt ist als die internationale, für die Fälle des „Überschusses" an deutscher internationaler Zuständigkeit ergänzt werden, z. B. durch hilfsweise örtliche Zuständigkeit von West-Berliner oder Hamburger Gerichten. Aber das würde auch für Scheidung und Trennung nötig sein. Weiterhin würde die Erweiterung der internationalen Zuständigkeit ausländischer Gerichte in Unterhaltssachen dieselbe Regelung für die *Anerkennung ausländischer Urteile* nötig machen wie in Scheidungs- und Trennungssachen.

4. Statusprozeß

Im Statusprozeß wird nach deutschem materiellen Zivilprozeßrecht über die *Herstellungsklage* entschieden. Für *internationale Zuständigkeit* und *Anerkennung ausländischer Urteile* gilt m. E. rechtspolitisch dasselbe wie bei der Scheidung und Trennung von Tisch und Bett (unten S. 123–136). Nur muß auch hier (wie in Unterhaltssachen, oben S. 87) die internationale Zuständigkeit des Aufenthaltsstaates jedes Ehegatten anders begründet werden. Sie rechtfertigt sich m. E. aus folgender Überlegung: wenn man für die Zerstörung (Scheidung) oder Schwächung (Trennung) des Ehebandes den Aufenthaltsstaat des Klägers für international zuständig erklärt, dann muß man dasselbe auch tun für eine Klage, die auf Verstärkung der Ehe hinzielt.

Für *örtliche Zuständigkeit* und *Anerkennung ausländischer Urteile* gilt dasselbe, was (oben S. 87) für Unterhaltsprozesse bemerkt worden ist.

Zur Reform des Ehegüterrechts im deutschen Internationalprivatrecht

Von GÜNTHER BEITZKE, Göttingen

(vorgelegt 1956)

I. Grundsätzliches

1. Die vorwiegend einseitige Norm des Art. 15 EGBGB ist möglichst zu einer *vollkommenen, zweiseitigen Kollisionsnorm* auszugestalten (auch bei Art. 16 EGBGB steht – wie bei *Soergel-Kegel* IV, 162 zutreffend erörtert – das Problem einer Verallgemeinerung des Verkehrsschutzes in Form einer mehrseitigen Kollisionsnorm zur Diskussion; darüber unten bei II).

2. Art. 15 EG ist dem Grundsatz der Gleichberechtigung (Art. 3 GG) anzupassen. Wenngleich das unmittelbare Anliegen des Gleichberechtigungssatzes auf direkte materielle Rechtsgleichheit von Mann und Frau zielt, ist es doch eine mit Art. 3 GG unvereinbare Zurücksetzung der Frau, wenn grundsätzlich das Heimatrecht des Mannes maßgebend sein soll. Das wird um so fühlbarer, als angesichts der fortschreitenden staatsangehörigkeitsrechtlichen Verselbständigung der Ehefrau (wie auch übrigens infolge des auf der materiellen Gleichberechtigung basierenden häufigen selbständigen Wohnsitzes der Frau) die Anknüpfungspunkte für Mann und Frau häufiger verschieden sind als früher.

3. Der hier gemachte Vorschlag baut auf der Voraussetzung auf, daß wie bisher die *Staatsangehörigkeit* für das Personalstatut in erster Linie maßgebend bleibt.

4. Es muß angestrebt werden, das Güterrechtsstatut möglichst *dem Ehewirkungsstatut anzugleichen* (und damit auch dem Scheidungsstatut). Das dient insbesondere der Ausschaltung der zahlreichen Qualifikationskonflikte bei Rechtsbeziehungen unter Ehegatten und fördert eine gleichmäßige Rechtsanwendung, Rechtsklarheit und Rechtssicherheit.

Bei Staatsangehörigkeitsmischehen kann aber im Ehegüterrecht nicht – wie dies für die persönlichen Ehewirkungen gelegentlich vorgeschlagen wird – die Summe der gegenseitigen Rechte und Pflichten auf das beschränkt werden, was den Rechten beider Partner gemeinsam ist. Das Güterrecht beschränkt sich nicht auf das Verhältnis der Eheleute zueinander, sondern hat auch Außenwirkungen. Güterstände sind geschlossene Komplexe, nicht nur Summen einzelner Rechte; man kann nicht einzelne Rechte aus dem Gesamtkomplex gelten lassen, andere aber nicht; man würde den Zusammenhang des Ganzen entstellend stören. Man ist daher genötigt, das Güterrecht anders anzuknüpfen, als an beide Rechte der Ehepartner.

5. Die Angleichung des Ehegüterrechts an das Recht der persönlichen Ehewirkungen wirft die Frage auf, ob die in Art. 15 EGBGB und Art. 2 ff. des Haager Ehewirkungsabkommens vorgesehene *Unwandelbarkeit des Güterstandes beseitigt* werden kann. Diese Frage ist zu bejahen. Der Streit um die Unwandelbarkeit des Güterstandes ist seit 1900 nicht mehr wesentlich vertieft worden; es kann daher für den Streitstand insbesondere auf die Nachweisungen in den Gebhardschen Materialien (herausgegeben von Niemeyer, 198 ff.) verwiesen werden. Wenn die in national gebundenen Familientraditionen viel stärker verwurzelten persönlichen Ehewirkungen wandelbar sind, kann der Güterstand – vom familienrechtlichen Standpunkt aus gesehen – ebenfalls wandelbar sein. Wenn im Schrifttum für die Unwandelbarkeit immer wieder das Prinzip der „wohlerworbenen Rechte" angerufen wird, so überzeugt dieses Prinzip internationalprivatrechtlich nicht, denn es könnte dann jeden Statutenwechsel verhindern. Die Unwandelbarkeit mag ein brauchbares Mittel sein, arglistigen Statutenwechsel durch einen Ehepartner zu verhindern; wenn aber zufolge Art. 3 GG nicht mehr an die Stellung eines Ehegatten allein angeknüpft wird, entfällt dieser Gesichtspunkt. – Offenbar ist die Unwandelbarkeit des Güterstandes früher vor allem vertreten worden, um nicht ohne Not in einen von den Parteien geschlossenen Güterrechtsvertrag einzugreifen. Man mag die Unwandelbarkeit für Güterrechtsverträge (unten II) zugestehen. Der für vertragliche Güterstände wertvolle Gesichtspunkt trifft m. E. aber für den gesetzlichen Güterstand nicht zu. M. E. ist die Auffassung verfehlt, daß die Parteien den gesetzlichen Güterstand dadurch vereinbaren, daß sie von einem besonderen Gütervertrag absehen. Allzuoft haben sich die Brautleute gar nichts überlegt und gar keinen rechtsgeschäftlichen Willen gehabt. Selbst, wo sie ihn gehabt haben sollten, besteht kein Bedürfnis, diesen Willen unter besonderen Schutz zu stellen, solange er nicht in der feierlichen Form kundgetan worden ist, welche sonst für den Abschluß von Güterverträgen mit gutem Grund verlangt wird. – Es darf ferner darauf verwiesen werden, daß unser Gesetzgeber intertemporal vom Grundsatz der Unwandelbarkeit

des Güterstandes abgegangen ist. Nach ganz überwiegender Ansicht sollte mit Art. 3 GG der gesetzliche Güterstand nicht nur für die künftig neu einzugehenden Ehen, sondern auch für bestehende Ehen geändert werden. Ich schlage also vor, den gesetzlichen Güterstand wandelbar zu gestalten.

Es sei noch darauf verwiesen, daß Art. 15 Abs. 2 EG teilweise und Art. 5 Haager Abkommen ganz allgemein den Güterstand wenigstens insoweit auch international für wandelbar halten, als die Befugnis zum Abschluß eines Gütervertrages in Frage steht.

6. Die in manchen Rechtsordnungen für das Ehegüterrecht zugelassene *Parteiautonomie ist m. E. abzulehnen.*

a) Trotz seiner vorwiegend vermögensrechtlichen Seite ist das Ehegüterrecht doch entscheidend im Familienrecht verwurzelt. Dieses sollte aber internationalrechtlich besser der Parteiautonomie entzogen bleiben.

b) Der wünschenswerte Gleichlauf von Ehepersonenrecht und Ehegüterrecht würde empfindlich gestört werden.

c) Da das Ehegüterrecht oft Vermögensübertragungen (z. B. bei Schaffung einer Gütergemeinschaft) oder die Schaffung von Verfügungsbeschränkungen zum Gegenstand hat, würde Parteiautonomie im Ehegüterrecht eine Parteiautonomie im Sachenrecht zur Voraussetzung haben. Diese besteht aber – trotz gelegentlicher Ansätze und Behauptungen in unserer Judikatur, und obwohl sie bei beweglichen Sachen diskutabel sein mag – bislang bei uns nicht; sie dürfte im Grundstücksrecht schwerlich durchführbar sein. Man sollte auch durch Parteiautonomie im Ehegüterrecht die möglichen Konflikte zwischen Gesamtstatut und Einzelstatut nicht noch vermehren.

d) Die Bedeutung des Ehegüterrechts beschränkt sich nicht auf das Verhältnis der Eheleute zueinander, sondern erstreckt sich auch auf Dritte (Kinder hinsichtlich deren Erbrecht und bei fortgesetzter Gütergemeinschaft; Vertragspartner der Eheleute). Unbeschadet des zu regelnden Vertrauensschutzes Dritter, der übrigens nur bei Rechtsgeschäften und Urteilen, nicht aber bei gesetzlichen Ansprüchen zu bestehen pflegt, sollte es den Parteien m. E. nicht möglich sein, so weitgehend in die Rechte Dritter einzugreifen.

e) Im allgemeinen wird dem Bedürfnis der Parteien nach freierer Gestaltung des Ehegüterrechts schon dadurch Genüge geleistet werden können, daß die materiell maßgebenden Rechtsordnungen für internationalrechtlich besonders gelagerte Fälle in erweitertem Maß Möglichkeiten für Ehegüterverträge schaffen (darüber unten II).

7. Unter Berücksichtigung aller dieser Gesichtspunkte mache ich folgenden *Gesetzesvorschlag:*

§ A

Das eheliche Güterrecht ist nach dem gemeinsamen Heimatrecht beider Ehegatten zu beurteilen und, wenn ein solches nicht mehr besteht, nach dem letzten gemeinsamen Heimatrecht beider Ehegatten.
Haben die Ehegatten keine gemeinsame Staatsangehörigkeit erworben, so ist das eheliche Güterrecht nach dem Recht am gemeinsamen gewöhnlichen Aufenthalt zu beurteilen, und wenn ein solcher nicht mehr besteht, nach dem letzten gemeinsamen gewöhnlichen Aufenthalt.
Haben die Ehegatten keinen gemeinsamen gewöhnlichen Aufenthalt gehabt, so ist das Recht am Eheschließungsort maßgebend.

Abs. 3 dieses Vorschlages rechtfertigt sich damit, daß in derartigen Fällen das Entscheidende an ehelicher Gemeinsamkeit sich nur am Eheschließungsort abgespielt hat. Auch dieser mag schwer feststellbar sein (Ferntrauung); aber das Nähere mag man der Praxis überlassen. Es kann dabei wohl nicht auf die umstrittenen Theorien zum Ort des Rechtsgeschäfts im Sinne von Art. 11 EG ankommen. Vielmehr wird unter mehreren Orten derjenige ausschlaggebend sein, dem für das gemeinsame eheliche Leben die größere Bedeutung zukommt (etwa bei der Ferntrauung des Soldaten der Eheschließungsort der Braut).

II. Güterrechtsverträge

1. Die *Zulässigkeit* eines Güterrechtsvertrages richtet sich nach dem maßgebenden Güterrechtsstatut. Das bedarf keiner besonderen Normierung. Wenn man – wie hier vorgeschlagen – das Güterrechtsstatut wandelbar gestaltet, bedarf es der bisherigen, durch die Unwandelbarkeit bedingten Begünstigungen des Abschlusses von Güterrechtsverträgen nicht. Dagegen dürfte ein Bedürfnis bestehen, Eheverträge zuzulassen, welche die *Anpassung* der Parteien an das Recht des Gebiets bezwecken, in welchem sie leben.

a) Im Rahmen unseres Rechts ist hier *§ 1433 Abs. 2 BGB* reformbedürftig, weil er einseitig auf den Mann abstellt (Art. 3 GG!). Es steht in Frage, den Ehevertrag nach ausländischem Recht nur dann zuzulassen, wenn beide Eheleute im Ausland leben, oder schon dann, wenn dies nur bei einem von ihnen der Fall ist. M. E. muß zur Erleichterung jeder Art von Anpassung die letztere Lösung vorgezogen werden.

b) Entsprechend dieser Regelung ergibt sich dann auch die notwendige Umkehrung, welche dem heutigen Art. 15 Abs. 2 letzter Fall und Halbsatz entspricht.

Daher folgender *Gesetzesvorschlag:*

§ B

Hat einer der Ehegatten, für deren Güterstand deutsches Recht maßgebend ist, seinen gewöhnlichen Aufenthalt im Ausland, so kann ein Ehevertrag auch unter Verweisung auf einen an diesem ausländischen Aufenthaltsort geltenden Güterstand geschlossen werden.
Hat von Ehegatten, für deren Güterstand ausländisches Recht maßgebend ist, auch nur einer seinen gewöhnlichen Aufenthalt im Inland, so können diese Ehegatten einen Güterstand des deutschen Rechts vereinbaren.

2. Daß für Güterrechtsverträge auch die besonderen Bestimmungen der Art. 7 und 11 EGBGB zu beachten sind, bedarf keiner besonderen Normierung. Zu erwägen wäre m. E. lediglich, ob man – im Sinne der Meinung von Raape – bestimmen sollte, daß die Anwendbarkeit der Ortsform vom Wirkungsstatut abhängig ist.

3. Wenn das Güterrechtsstatut – wie hier vorgeschlagen – wandelbar wird, so bedarf es wohl einer besonderen Vorschrift darüber, daß im Fall des Statutenwechsels ein bestehender *Güterrechtsvertrag* erhalten bleibt.

4. Die *Beseitigung bestehender Güterstände* führt beim Unwandelbarkeitsprinzip nicht zu Schwierigkeiten, weil dieselbe Rechtsordnung für Begründung und Beseitigung des Güterstandes maßgebend bleibt. Bei Wandelbarkeit des Güterstandes entsteht die Frage, ob die Aufhebung eines Güterstandes möglich ist, wenn nur die neue, nicht aber die bisherige Rechtsordnung eine solche Aufhebung kennt.

Nun gibt es unzweifelhaft Fälle, in welchen der Güterstand auch entgegen der Rechtsordnung, unter welcher er begründet worden ist, wieder beseitigt wird. So etwa in dem Fall, wo eine Ehe entgegen der für das Güterrecht maßgebenden Rechtsordnung (etwa zufolge Art. 17 Abs. 3 EG) geschieden wird, und das Güterrecht gar keine Liquidation des Güterstandes für den Scheidungsfall kennt! Dieser unerwünschte Ausnahmefall kann aber nicht als Leitlinie dienen. – Ferner können die oben befürworteten Güterrechtsverträge zur Anpassung an das Recht des Aufenthalts eines Ehegatten zur Beseitigung eines nach dem Güterrechtsstatut nicht aufhebbaren Güterstandes führen. Auch das sind an sich Ausnahmeregelungen. Ob man sie verallgemeinern kann, ist mir zweifelhaft. Art. 4 und 9 des Haager Abkommens lassen allerdings auch zu, daß ein unter einer früheren Rechtsordnung geschlossener Ehevertrag unter einer neuen Rechtsordnung sogar dann aufgehoben werden kann, wenn die bisherige Rechtsordnung eine solche Aufhebung nicht kennt (wie z. B. für das französische Recht Art. 1395 c.c.). Ich halte das nicht für ein glückliches Prinzip, da die Liquidationsbestimmungen notwendig dem bisherigen Güterstand entnommen werden müssen, und man da, wo solche Bestimmungen fehlen, auf ein

Rechtsvakuum stößt. Ich möchte diese störenden Fälle auf die oben in § B genannten Fälle beschränkt wissen, zumal § B ausreichend Möglichkeiten zur Aufhebung bisheriger Güterrechtsverträge bietet, sofern die Anpassung an ein neues Recht nötig wird. Daher Vorschlag:

§ C

Ein Wechsel der nach § A maßgebenden Rechtsordnung läßt abgeschlossene Güterrechtsverträge unberührt. Unbeschadet des § B kann ein Güterrechtsvertrag nur nach derjenigen Rechtsordnung wieder aufgehoben werden, nach welcher er abgeschlossen wurde.

III. Verkehrsschutz

1. Art. 16 EG ist m. E. nicht nur im *Grundsatz beizubehalten,* sondern auch noch *auszudehnen.* Da sich der Verkehr nur bei solchen Personen zu besonderer Vorsicht veranlaßt sieht, welche nicht ihren gewöhnlichen Aufenthalt im Inland haben, sind Regeln über den Verkehrsschutz schon für den Fall angebracht, daß nur einer der Ehegatten seinen gewöhnlichen Aufenthalt im Inland hat.

Die Frage, ob der Schutz des Art. 16 EG bei ausländischem Wohnsitz und Auslandsgeschäften entsprechend anzuwenden ist (dafür z. B. *Soergel-Kegel* IV, 162), möchte ich auch bejahen, halte aber eine gesetzliche Regelung nicht für zweckmäßig, zumal die Regelung angesichts recht unterschiedlicher ausländischer Verkehrsschutz-Bestimmungen wohl nicht einfach wäre. Ich behalte mir eine Vertiefung dieser Frage aber vor.

2. *Art. 16 Abs. 2 EG ist m. E. reichlich ungenau* gefaßt.

a) § 1357 BGB ist m. E. auf ausländisches Güterrecht nicht bei jedem Rechtsgeschäft anzuwenden, sondern nur, sofern das einschlägige Geschäft auch im Inland geschlossen ist.

b) § 1362 BGB ist letztlich eine sachenrechtliche Bestimmung. Soweit er das Verhältnis der Eheleute zueinander betrifft, ist er schon nach Art. 16 Abs. 2 EG nicht anwendbar. Soweit es um den Gläubigerschutz geht, spielt die Vorschrift insbesondere in der Zwangsvollstreckung eine Rolle. Man sollte die Anwendung daher auf im Inland befindliche Gegenstände beschränken.

c) § 1405 BGB bedarf keiner Nennung mehr, da er keine Vorschrift unseres gesetzlichen Güterstandes mehr ist [1].

3. *§ 11 a GewO* ist ebenfalls von güterrechtlichem Gehalt. Ich lasse hier Abs. 1 (Geschäftsfähigkeit) außer Betracht, obwohl die etwas über Art. 7 Abs. 3 EG (Auslandsgeschäfte!) hinausgehende Vorschrift m. E.

---

[1] Vgl. jetzt aber §§ 1431, 1456 i. d. F. des GleichberG.

unnötig ist und gestrichen werden könnte. Abs. 2 und 3 der Vorschrift sind sachlich insoweit überholt, als sie sich auf § 1405 BGB beziehen. M. E. genügt es hier, einen dem allgemeinen Verkehrsschutz entsprechenden Schutz zu schaffen, und alles in einer Vorschrift zusammenzufassen.

Daher folgender Gesetzesvorschlag:

§ D

Ist ausländisches Güterrecht maßgebend und hat einer der Ehegatten seinen gewöhnlichen Aufenthalt oder einen Gewerbebetrieb im Inland, so findet § 1435 BGB[2] entsprechende Anwendung; der ausländische gesetzliche Güterstand steht einem vertragsmäßigen gleich. Bei im Inland abgeschlossenen Rechtsgeschäften findet § 1357 BGB, bei im Inland befindlichen Sachen § 1362 BGB Anwendung, soweit diese Vorschriften Dritten günstiger sind als die ausländischen Gesetze.

IV. Einzelfragen

1. Bei der hier vorgeschlagenen Regelung ist vorausgesetzt, daß *Art. 28 EG bestehen bleibt.* Hier kommt in Betracht, daß die Sonderordnung gebundener Güter wie des sog. Erbhofes dem maßgebenden Güterrecht vorgeht, oder aber auch z. B. die lex rei sitae das Güterrecht an unbeweglichem Vermögen nach der eigenen Rechtsordnung beurteilt. Wie weit dies der Fall ist, bleibt eine Frage für sich. So kann hier unerörtert bleiben, ob auch das deutsche Recht Vorschriften kennt, welche zwingend auch gegenüber ausländischem Ehegüterrecht angewendet sein wollen (so ist z. B. immer wieder eine beachtliche Neigung festzustellen, die Verfügungsbefugnis hinsichtlich inländischer Grundstücke auch bei ausländischen Ehefrauen nur nach inländischem Recht zu beurteilen; typisch z. B. BGH FamRZ 1954, 110). Das sind Fragen unseres *Sachenrechts* und *bedürfen in diesem Zusammenhang* keiner Regelung.

Auch die Frage, inwieweit ausländische, unserer eigenen Rechtsordnung inadäquate Rechtsinstitute wie z. B. güterrechtliche Legalhypotheken sich im Inland auswirken können, ist für uns mehr eine sachenrechtliche als güterrechtliche, und wäre m. E. hier nicht zu regeln.

2. Auch die Abgrenzung des ehelichen Güterrechts gegenüber anderen Rechtsmaterien *(Qualifikationsfragen)* scheint mir einer Regelung nicht bedürftig (und wohl auch kaum vollständig zugänglich). Wenn – wie hier vorgeschlagen – das Güterrechtsstatut dem Ehewirkungsstatut angepaßt wird, entfallen die häufigsten Qualifikationsschwierig-

[2] Vgl. jetzt § 1412 BGB i. d. F. des GleichberG.

keiten beim gesetzlichen Güterstand ohnehin. Die Frage, ob *Unterhaltsvereinbarungen* etwa grundsätzlich dem Güterrechtsstatut zu unterwerfen seien (dafür *Soergel-Kegel* IV, 157/158), kann m. E. ungeregelt bleiben. Vorsorglich möchte ich anmerken, daß ich *Kegel* nicht zustimmen kann. Dem Unterhalt dienen primär ehepersonenrechtliche Ansprüche; das Güterrecht hilft nur subsidiär. Unterhaltsabreden (insbesondere für die Zeit nach der Scheidung) dienen häufiger der Abgeltung gesetzlicher ehepersonenrechtlicher Ansprüche als güterrechtlicher Ansprüche, so daß die Sachlage eher für das Scheidungsstatut als für das Güterrechtsstatut spricht.

Gesetzesvorschlag

§ A

Für die güterrechtlichen Wirkungen der Ehe ist das Recht des Staates maßgebend, welchem beide Ehegatten angehören.

Bei unterschiedlicher Staatsangehörigkeit ist das Recht des Staates maßgebend, welchem beide Ehegatten während der Ehe zuletzt gemeinsam angehört haben, sofern einer der Ehegatten diesem Staat noch angehört. In anderen Fällen ist das Recht des Staates maßgebend, in welchem beide Ehegatten ihren gemeinsamen gewöhnlichen Aufenthalt haben. Bei Fehlen eines gemeinsamen gewöhnlichen Aufenthalts oder gemeinsamen Aufenthalts ist das Recht desjenigen Staates maßgebend, in dem beide Ehegatten ihren letzten gemeinsamen gewöhnlichen Aufenthalt oder in Ermangelung eines solchen ihren letzten gemeinsamen Aufenthalt gehabt haben, falls einer der Ehegatten in diesem Staat immer noch seinen gewöhnlichen Aufenthalt oder Aufenthalt hat.

Besitzen beide Eheleute ihre früher gemeinsame Staatsangehörigkeit nicht mehr, und haben sie seit dem Verlust der gemeinsamen Staatsangehörigkeit durch den zweiten Ehegatten keinen gemeinsamen gewöhnlichen Aufenthalt und auch keinen gemeinsamen Aufenthalt mehr gehabt, so bleibt das Recht desjenigen Staates maßgebend, welchem beide Ehegatten zuletzt gemeinsam angehört hatten.

§ B

Hat einer der Ehegatten, für deren Güterstand deutsches Recht maßgebend ist, seinen gewöhnlichen Aufenthalt im Ausland, so kann ein Ehevertrag auch unter Verweisung auf einen an diesem ausländischen Aufenthaltsort geltenden Güterstand geschlossen werden.

Hat von Ehegatten, für deren Güterstand ausländisches Recht maßgebend ist, auch nur einer seinen gewöhnlichen Aufenthalt im Inland, so können diese Ehegatten auch einen Güterstand des deutschen Rechts vereinbaren.

§ C

Wird bei Ehegatten, für deren Güterstand bisher ausländisches Recht maßgebend war, deutsches Recht maßgebend, so bleibt ein unter der ausländischen Rechtsordnung vereinbarter Güterstand unberührt.

§ D

Ist ausländisches Güterrecht maßgebend und hat einer der Ehegatten seinen gewöhnlichen Aufenthalt oder einen Gewerbebetrieb im Inland, so findet § 1435 BGB entsprechende Anwendung; der ausländische gesetzliche Güterstand steht einem vertragsmäßigen gleich.

Auf im Inland abgeschlossene Rechtsgeschäfte findet § 1357 BGB, auf im Inland befindliche bewegliche Sachen § 1362 BGB, und wenn die Ehefrau im Inland ein Erwerbsgeschäft betreibt, § 1405 BGB Anwendung, soweit diese Vorschriften Dritten günstiger sind als die ausländischen Gesetze.

Ergänzungen zur Reform des Ehegüterrechts im deutschen Internationalprivatrecht

Von GÜNTHER BEITZKE, Göttingen

(vorgelegt 1958)

I

Auf der Sitzung am 11. 10. 1957 waren einzelne Fragen zu den Ehewirkungen § D offengeblieben. In § D Abs. 1 ist vorgesehen, daß § 1412 BGB entsprechend Anwendung findet, wenn nur einer der Ehegatten seinen gewöhnlichen Aufenthalt oder einen Gewerbebetrieb im Inland hat. Die Durchführung dieser Vorschrift setzt voraus, daß dem Beteiligten ermöglicht wird, eine Eintragung im inländischen Güterrechtsregister vorzunehmen. Dazu wird eine Verbesserung der Zuständigkeitsregelung des § 1558 BGB notwendig sein. § 1558 BGB stellt bisher auf den Wohnsitz und nicht auf den gewöhnlichen Aufenthalt ab. Ferner ist § 1558 BGB auch nach dem Gleichberechtigungsgesetz nur auf den Wohnsitz des Mannes und nicht auf den Wohnsitz der Frau abgestellt. Ich lasse dahingestellt, ob diese Vorschrift mit Art. 3 GG in Einklang ist. Jedenfalls genügt sie den wirtschaftlichen Bedürfnissen nicht, weil die Ehefrau zufolge Art. 3 GG und zufolge des Wegfalls von § 10 BGB im Gleichberechtigungsgesetz jetzt einen selbständigen Wohnsitz haben kann. Die bisherige Fassung von Art. 16 EGBGB führte zur Anwendung von § 1435 a. F. nur dann, wenn beide Eheleute den Wohnsitz in Deutschland hatten, wobei das EG offenbar von der Maßgeblichkeit des Wohnsitzes des Mannes ausging. Ich habe demgegenüber die Neufassung dahin vorgeschlagen, daß auch schon der gewöhnliche Aufenthalt eines Ehegatten im Inland genügt, um die inländische Schutzvorschrift gegenüber einem unbekannten ausländischen Güterstand eingreifen zu lassen. Das ist aber nur durchführbar, wenn beiden Eheleuten gleichmäßig die Möglichkeit gegeben wird, ihren Güterstand mit Eintragung im Güterrechtsregister maßgeblich sein zu lassen. Man wird daher vorschlagen müssen, daß § 1558 BGB durch folgende Vorschrift ersetzt wird:

Die Eintragungen in das Güterrechtsregister haben bei dem Amtsgericht zu geschehen, in dessen Bezirk der Mann seinen gewöhnlichen Aufenthalt hat. Hat der Mann keinen gewöhnlichen Aufenthalt im Inland, so können die Eintragungen im Güterrechtsregister am gewöhnlichen Aufenthalt der Frau erfolgen. Art. 4 EGHGB bleibt unberührt.

II

Weiterhin war offengeblieben, ob Art. 16 Abs. 2 EGBGB auch insoweit aufrechterhalten werden sollte, als er § 1405 BGB a.F. einbezieht. Diese Frage ist davon abhängig, welchen Sinn die bisherige Vorschrift hat. Die Vorschrift erscheint zum ersten Mal im zweiten Gebhardschen Entwurf § 20 Abs. 2 und ist bei den Beratungen des EGBGB vom Bundesrat wieder aufgegriffen worden. In den Motiven zum zweiten Gebhardschen Entwurf wird zur Begründung der Vorschrift gesagt, die Vorschrift müsse deshalb auch bei Ehegatten mit ausländischem Güterrecht gelten, weil sie in Deutschland praktisch für jeden Güterstand, d. h. unabhängig vom Güterstand maßgeblich sei. Das traf nun für die Gütertrennung formal gesehen nicht zu, wenn auch tatsächlich bei der Gütertrennung ebenfalls der vom Mann geduldete Geschäftsbetrieb der Frau auch zu selbständigen und in das Frauengut vollstreckbaren Schulden der Frau führte. Sachlich hatte die auch in § 11 a der GewO wiederkehrende Vorschrift die Funktion, Beschränkungen der Frau kraft ausländischen Güterrechts im Rahmen des § 1405 a.F. auszuschalten (wobei Art. 16 Abs. 2 EGBGB wohl noch um einiges weiter geht als § 11 a GewO, weil er jede Art von Erwerbsgeschäft umfaßt). Der Sinn von Art. 16 Abs. 2 EGBGB ist also nicht nur der, daß man darauf vertrauen soll, es bestehe der *inländische gesetzliche* Güterstand, vielmehr ist der Sinn der Vorschrift der, daß man darauf vertrauen darf, es bestehe nach ausländischem Recht hinsichtlich des Erwerbsgeschäfts der Frau keine ungünstigere Regelung als *im deutschen Recht schlechthin*. Wenn man sich diesen Sinn des Art. 16 Abs. 2 EGBGB vor Augen hält, scheint mir alles für die Aufrechterhaltung der bisherigen Vorschrift zu sprechen. Auch heute müssen wir damit rechnen, daß ausländische Güterrechte hinsichtlich des Erwerbsgeschäfts eines Ehegatten eine ungünstigere Regelung kennen als das deutsche Recht; auch heute ist es möglich, daß dies ungünstigere Recht zufolge Eintragung in einem deutschen Register oder mangels gewöhnlichen Aufenthalts eines Ehegatten in Deutschland sogar ohne Eintragung hier zu beachten ist; auch heute besteht das Bedürfnis, den deutschen Verkehr vor solchen Rechtsfolgen zu schützen.

Demgegenüber bleibt es belanglos, daß im deutschen Recht der Anwendungsbereich der jetzt dem alten § 1405 BGB entsprechenden Vorschriften (§§ 1431, 1456) geringer ist als früher bei § 1405. Das kann nicht hindern, gerade diese Vorschriften als ein Minimum des Publikumsschutzes gegenüber ausländischem Güterrecht zur Anwendung zu bringen. Wir sind damit weniger „chauvinistisch" als die bisherige Regelung, welche das ausländische Recht auf den „Normalstand" des deutschen Rechts brachte; wir würden es heute nur noch auf den bei Gütergemeinschaften bestehenden Minimalschutz des Publikums bringen. Aber gerade insoweit ist der Schutz darum m. E. um so dringlicher, und man wird, wenn man nunmehr auf die neuen Bestimmungen aus dem Recht der deutschen Gütergemeinschaft verweist, diese Bestimmungen für alle Fälle der Beschränkungen eines Ehegatten nach ausländischem Güterrecht anwendbar machen müssen.

Ich halte also daran fest, daß entsprechend meinem bisherigen Vorschlag die Regelung des alten § 1405 BGB in die Neuregelung einbezogen werden muß. Ich würde es aber nach nochmaliger Überlegung für zweckmäßig halten, statt des bisherigen § 1405 nicht § 1431, sondern § 1456 zu nennen. Ich würde also den letzten Satz von § D wie folgt formulieren:

> Auf im Inland vorgenommene Rechtsgeschäfte ist § 1357 BGB, auf im Inland befindliche bewegliche Sachen § 1362 BGB und auf ein im Inland betriebenes Erwerbsgeschäft sinngemäß § 1456 BGB anzuwenden, soweit diese Vorschriften Dritten günstiger sind als die ausländischen Gesetze.

Ich bin dabei mit den Kommentatoren zu Art. 16 EGBGB der Ansicht, daß die Verweisung auf § 1405 bzw. jetzt 1456 BGB nicht zwingend ist, so daß ein Dritter auf das ihm so gegebene Privileg verzichten kann; das braucht aber nicht ausdrücklich gesagt zu werden. Ich bin ferner der Ansicht, daß es nicht notwendig ist, in sonstiger Weise auf güterrechtliche Beschränkungen Rücksicht zu nehmen. Kegel hat bei Soergel IV, 165 darauf hingewiesen, es müsse in Rechnung gestellt werden, daß nach neuem Güterrecht die Parteien nicht mehr an bestimmte Güterrechtstypen gebunden seien. Ich halte das nicht für wesentlich, da § 137 BGB die Vereinbarung von gesetzlich nicht vorgesehenen Verfügungsbeschränkungen praktisch verhindert.

Zur Reform des deutschen internationalen Ehescheidungsrechts

Von GERHARD KEGEL, Köln

(vorgelegt 1955)

INHALTSÜBERSICHT

Vorbemerkung

Es empfiehlt sich, mit dem internationalen *Privat*recht der Ehescheidung zu beginnen und das internationale *Prozeß*recht der Ehescheidung anzuschließen. Denn die geltenden Vorschriften des internationalen Prozeßrechts der Scheidung nehmen zum Teil auf das IPR Rücksicht. Schon die Prüfung, ob dieser Zusammenhang gewahrt bleiben soll, erst recht aber eine Entscheidung zugunsten dieses Zusammenhangs lassen es zweckmäßig erscheinen, daß bei Erörterung des internationalen Prozeßrechts der Scheidung bekannt ist, wie das IPR der Scheidung geändert werden soll.

I. Internationales Privatrecht

1. Umfang der Regelung

a) Scheidung

Art. 17 EGBGB handelt von der Scheidung und nur von der Scheidung. Dagegen betrifft Art. 13 (neben der Heiratsform) die Ehehindernisse und Willensmängel. Die Grenze verläuft nicht in allen Rechten gleich (vgl. z. B. Rabel I , 535 f.; Raape IPR[3], 188 f.).

Im deutschen materiellen Recht beruhen Ehenichtigkeit wegen Ehehindernissen und Eheaufhebung wegen Willensmängeln auf Mängeln im Augenblick der Heirat. Dagegen gründet sich die Scheidung auf ein Versagen während der Ehe.

In ausländischen Rechten ist bisweilen die Grenzziehung mehr oder minder undeutlich. So wird in Einzelstaaten der USA von „divorce" auch bei Ehehindernissen und Willensmängeln geredet, mag auch sachlich der Unterschied durchgeführt werden. Im IPR der USA hat man die Auflösung der Ehe ex nunc wegen Mängeln bei Heirat zur Scheidung geschlagen (Restatement Conflicts § 115 II, § 136 Comment a).

Andererseits wird bisweilen die Grenze zwischen anfänglichen Mängeln und Scheidung verschoben, nämlich die Anfechtung beschränkt und deswegen die Scheidung erweitert (z. B. Scheidung wegen Täuschung über persönliche Eigenschaften als „fait concomitant" in Frankreich) oder die Scheidung elastisch gehalten und deswegen auf Anfechtung verzichtet (z. B. Sowjetrußland). Umgekehrt können Scheidungsverbote zur Ausweitung der Anfechtung führen.

Mag auch in solchen Fällen zweifelhaft sein, ob Art. 13 oder Art. 17 EGBGB zum Zuge kommt: die Fragen sind nicht wichtig genug, um den Gesetzgeber auf den Plan zu rufen. Sie sind daher bei der Scheidungsreform außer acht zu lassen.

Deswegen empfehle ich entgegen dem *österreichischen Entwurf* (Abs. 2 der Scheidungsvorschrift und dazu Erläuterung der ersten Fassung S. 36 a. E.), in der Scheidungsregelung nicht von der Aufhebung und Nichtigkeitserklärung einer Ehe zu sprechen. Man überlasse solche Feinheiten der Lehre und Rechtsprechung. Im übrigen werde ich vorschlagen, die Mitsprache der lex fori (Abs. 2 der Scheidungsvorschrift im österreichischen Entwurf, Art. 17 Abs. 4 EGBGB) ganz zu beseitigen (unten 2 d S. 114 f.).

b) Andere Arten der Eheauflösung

Art. 17 gilt nach h. M. auch für andere Arten der Eheauflösung (mit gewissen Abwandlungen hinsichtlich des maßgeblichen Zeitpunkts [Art. 17 Abs. 1, 2] und hinsichtlich der Mitsprache des deutschen Rechts [Art. 17 Abs. 4]). So für die überall selbstverständliche Auflösung der Ehe durch Tod. So für die Eheauflösung durch Verschollenheit, Wiederheirat nach Todeserklärung, Religionswechsel, Wiederheirat nach Religionswechsel, lebenslange Freiheitsstrafe. So, wenn Derartiges begegnen sollte, für die Eheauflösung durch Abwanderung eines Ehegatten ins Ausland (abgelehnt von LG Ravensburg IPRspr. 1950/51 Nr. 86 für die Tschechoslowakei).

Die Entwürfe zum BGB enthielten als Vorreiter der Scheidung eine Bestimmung über die Eheauflösung (Mugdan I S. XLVII; bei Gebhard fehlt sie noch: Niemeyer 7, 16). Sie lautet im E II (§ 2247 Abs. 1):

„Die Auflösung der Ehe wird nach den Gesetzen des Staates beurteilt, welchem der Mann zur Zeit der Verwirklichung des für die Auflösung in Betracht kommenden Tatbestandes angehört hat."

Der Bundesrat hat sie gestrichen.

Sie kann, scheint mir, auch für eine Reform entbehrt werden. Der Fall des Todes ist unproblematisch. Die anderen Fälle sind selten. Ausgenommen allerdings die Eheauflösung durch Wiederheirat nach Todeserklärung; aber auch sie hat bisher nicht zu nennenswerten Schwierigkeiten geführt.

c) Trennung von Tisch und Bett

Ob unter Art. 17 EGBGB auch die Trennung von Tisch und Bett fällt, ist streitig. Theoretisch müßte man diese Frage von der anderen unterscheiden, ob deutsche Gerichte eine Trennung von Tisch und Bett (für die, wenn nicht Art. 17, dann eine andere Kollisionsnorm zu gelten hätte) aussprechen dürfen. Praktisch aber geht es um diese zweite Frage (Streitstand bei Frankenstein III, 465f.). Sie wird von der Rechtsprechung seit der Plenarentscheidung RG 55, 345 einhellig verneint, während im Schrifttum die Ansichten geteilt sind (für Trennung von Tisch und Bett durch deutsche Gerichte, z. B. Lewald IPR S. 122–124; Frankenstein III, 460–476; Süß JW 38, 836).

Die *Entstehungsgeschichte* ist verwickelt. Während die Entwürfe die Trennung schlechthin (E I § 10) oder wenigstens die ständige (E II § 2247, BV § 2375) der Scheidung gleichstellten, strich sie der Bundesrat (RV Art. 16). Der Reichstag berücksichtigte bei der Mitsprache des deutschen Rechts (jetzt Art. 17 Abs. 4) die von ihm eingeführte Aufhebung der ehelichen Gemeinschaft (vgl. Kommissionsbericht Mugdan I, 311); bei der Aufhebung dieses Gebildes wurde der Zusatz wieder beseitigt (§ 29 der 1. DVO EheG). Was die Entstehungsgeschichte für das geltende Recht hergibt, mag zweifelhaft sein (vgl. z. B. einerseits RG 55, 345 [347–357], andererseits Frankenstein III, 462f., 466f., 471f.). De lege ferenda sollte man sich ganz von ihr lösen und auf Grund neuer Prüfung entscheiden.

Für die Einbeziehung der Trennung von Tisch und Bett in eine Reform des internationalen Scheidungsrechts spricht zunächst der „kosmopolitische Standpunkt" (RG 55, 345 [353]), daß wir uns nach Möglichkeit einer Wertung ausländischen Rechts zu enthalten haben. *Dagegen* spricht sicherlich nicht, daß dem deutschen materiellen Eherecht die Trennung unbekannt ist und früher die Aufhebung der ehelichen Gemeinschaft als von ihr wesensverschieden empfunden wurde (übrigens mit Unrecht: Frankenstein III, 466–469). Die verständliche Neigung der deutschen Gerichte, sich mit fremden Rechtseinrichtungen nicht abzugeben (vgl. etwa die Bindung der Nachlaßzuständigkeit an die Anwendbarkeit deutschen Rechts oder die Ablehnung einer Adoptionsbestätigung, wenn nach ausländischem Recht die Zweckmäßigkeit der Adoption zu prüfen ist), muß bei der zunehmenden internationalen Verflechtung je länger je mehr überwunden werden. Auch verfahrensrechtlich bestehen keine Hindernisse. Es brauchte nur in §§ 606 ff. ZPO der Scheidung die Trennung angefügt zu werden. Übrigens kann man schon de lege lata in §§ 606 ff. ZPO die Trennung als in der Scheidung mitenthalten ansehen. Denn mindestens prozessual ist sie im Vergleich mit der Scheidung ein Minus, mag sie nun neben oder an Stelle der Scheidung vorgesehen, vorübergehend oder dauernd, in Scheidung umwandelbar sein oder nicht. Zwar hat man sie materiellrechtlich als Aliud gegenüber der Scheidung gekennzeichnet (vgl. Rabel I, 435). Doch führt das nicht weiter.

Das RG (55, 345 [360]) verweist sachlich auf „die Nachteile und die Gefahren, die das Verbot der Wiederverheiratung für den Hausstand, die Nahrungsverhältnisse, die Erziehung der Kinder und die Sittlichkeit mit sich bringt". Das trifft jedoch nur den Fall, daß Scheidung nicht möglich ist, und wird auch in diesem Fall weit übertroffen durch den Nachteil, „daß eine Ehefrau, deren Gatte eine Konkubine in der gemeinschaftlichen Wohnung hält, Sävizien oder sonstige Handlungen gegen sie begeht, die nach allen Kulturrechten der Welt Ehescheidungs- oder Ehetrennungsgründe sind, einfach vogelfrei ist" (Kahn II, 340). Denn die Anrufung ihrer Heimatgerichte ist ihr oft aus rechtlichen Gründen (wenn der Heimatstaat internationale Zuständigkeit ablehnt) oder aus tatsächlichen, insbesondere finanziellen Gründen nicht möglich.

Aus diesem Grunde sah sich das RG (150, 283) genötigt, zum ordre public zu greifen, um der auf Herstellung verklagten Frau, die einem mißbräuchlichen Herstellungsverlangen nach italienischem Recht nur durch Trennungsurteil begegnen konnte, zum Siege zu verhelfen; statt eine Trennung auszusprechen, wurden also deren Wirkungen einfach vorweggenommen. Dagegen hielt das LG Düsseldorf (IPRspr. 1950/51 Nr. 70) unter Ablehnung von Art. 30 den Mann, der Trennungsgründe behauptete, am erhöhten ehelichen Unterhalt fest, obwohl er nach Trennung gemäß italienischem Recht zu geringerem oder gar keinem Unterhalt verpflichtet gewesen wäre, mit dem Bemerken, es gehe „nicht zu Lasten der deutschen Rechtsordnung", wenn nach italienischem Recht der Kläger im Trennungsprozeß persönlich erscheinen müsse.

Demnach sprechen überwiegende Gründe für eine wenigstens grundsätzliche Gleichbehandlung von Scheidung und Trennung. Die Trennung sollte daher in eine Reform des Scheidungsrechts einbezogen und insofern über den *österreichischen Entwurf* (Erläuterungen zur ersten Fassung S. 36) hinausgegangen werden.

2. Maßgebliches Recht

a) Gleichberechtigung von Mann und Frau und Statut der persönlichen Ehewirkungen

Die in Art. 3 Abs. 2 GG geforderte Gleichberechtigung von Mann und Frau trifft de lege ferenda auch das IPR, wenngleich de lege lata Art. 117 Abs. 1 GG nach einhelliger Meinung auf das IPR nicht anzuwenden und daher alles beim alten geblieben ist. Der Verfassungsgesetzgeber ist befugt und im Zweifel auch gewillt, Grundsätze für das gesamte Recht des Staates aufzustellen, und dazu gehört auch das eigene IPR.

Nun bedeutet Gleichberechtigung im IPR etwas anderes als im materiellen Recht. Denn es geht um andere Interessen. Während im materiellen Recht die sachliche Entscheidung getroffen wird, entscheidet das IPR über das anwendbare materielle Recht, gleich welche sachliche Entscheidung dieses trifft. Gleichberechtigung im IPR kann also zu materiellrechtlicher Ungleichheit führen und umgekehrt.

Persönliche Verhältnisse und insbesondere Ehe und Scheidung werden vom IPR gewöhnlich einem materiellen Recht unterstellt, mit dem eine Person eng verbunden ist. Man glaubt, daß der Einzelne ein Interesse daran habe, nach einem materiellen Recht beurteilt zu werden, dem er aus Gründen des Vertrauens, des Gemeinschaftsgefühls, des Heimatstolzes oder auch nur der Gewohnheit nahesteht, und daß die Anwendung dieses Rechts seinem Wunsch entspreche, gleich, ob es ihm im Einzelfall nützt oder schadet. Ob Staatsangehörigkeit oder Wohnsitz die Anknüpfung bilden sollen, ist ein Problem für sich. In diesem Gutachten wird die Staatsangehörigkeit zugrundegelegt.

Dann stellt sich die Frage nach der Gleichberechtigung von Mann und Frau, wenn beide verschiedenen Staaten angehören. Die Gleichberechtigung durchführen heißt: dem Interesse des Mannes an der Anwendung seines Heimatrechts nicht stärker nachgeben als dem Interesse der Frau an der Anwendung ihres Heimatrechts.

Allgemein gesehen, kann die Gleichberechtigung *doppelt positiv* durchgeführt werden (der Vorteil, den bisher der Mann allein genoß, wird auch der Frau gewährt) oder *doppelt negativ* (der Vorteil, den bisher der Mann besaß, wird ihm genommen) oder auf einem *Mittelweg* (der Mann verliert, die Frau gewinnt zum Teil).

Im IPR scheidet eine *doppelt positive* Lösung aus. Denn entweder stimmen die materiellen Heimatrechte von Mann und Frau im Ergebnis überein, dann braucht man keine Gleichberechtigung. Oder sie entscheiden verschieden, dann kann man nicht beide anwenden. Verbietet z. B. das Recht des Mannes die Scheidung, erlaubt sie das Recht der

Frau, dann kann nicht zugleich geschieden und nicht geschieden werden.

Eine *doppelt negative* Lösung würde bedeuten: an die Stelle der Staatsangehörigkeit müßte eine andere Anknüpfung treten, in erster Reihe der Wohnsitz oder gewöhnliche Aufenthalt. Entsprechend der neueren Entwicklung im IPR und im interlokalen Privatrecht wäre dann m. E. der *gewöhnliche Aufenthalt* vorzuziehen. Das heißt aber, mit dem Prinzip der Staatsangehörigkeit brechen, und es fragt sich, ob nicht andere Wege vorzuziehen sind.

Zur Wahl stehen daneben nur *Mittelwege*. Man müßte z. B. die Scheidung zulassen, nur wenn sie nach *beiden Heimatrechten* statthaft ist oder wenn sie von nur *einem der beiden Heimatrechte* (es sei das des Mannes oder der Frau) zugelassen wird. Im einen Falle wäre die Ehe nicht loser, im anderen nicht fester als nach jedem der Heimatrechte. Dort siegte das strengere, hier das mildere Recht. Man kann vom Grundsatz des stärkeren oder schwächeren Rechts sprechen. Von diesen beiden Grundsätzen verdient m. E. der zweite den Vorzug. Ehen zwischen Angehörigen verschiedener Staaten sind wie alle Mischehen besonders gefährdet. Man sollte daher hier großzügig sein.

Ein anderer Mittelweg wäre, an das *letzte gemeinsame Heimatrecht* der Eheleute anzuknüpfen. Doch dürfte dies nur angezeigt sein, wenn während der Ehe ein gemeinsames Heimatrecht bestanden hat (selbstverständlich) und solange noch einer der Eheleute dem alten Staate angehört)nicht selbstverständlich, aber empfehlenswert).

Es bleiben demnach zunächst folgende *Hauptwege* zur Verwirklichung der Gleichberechtigung bei der Scheidung übrig:

a) Ersetzung der Staatsangehörigkeit durch den gewöhnlichen Aufenthalt;
b) Anwendung des schwächeren Heimatrechts;
c) Anwendung des letzten gemeinsamen Heimatrechts, solange noch einer der Eheleute es behalten hat.

Man wird nicht wählen dürfen, ohne sich weiter umzusehen, nämlich Heirat und persönliche Ehewirkungen einzubeziehen. Dagegen kann man das Güterrecht beiseitelassen, weil hier die Gleichberechtigung ganz besondere Schwierigkeiten bietet und außerdem die Frage der Unwandelbarkeit hineinspielt. Auch das Kindschaftsrecht steht für sich. Denn hier sind außer den Interessen der Eheleute die Interessen der Kinder zu beachten und können abweichende Lösungen fordern.

Bei der *Heirat* hat das Gesetz in Art. 13 EGBGB die Gleichberechtigung durchgeführt und zwar nach dem Grundsatz des schwächeren Rechts: das ehefeindlichste Recht setzt sich durch.

Bei den *persönlichen Ehewirkungen* herrscht Streit. Art. 14 Abs. 2 EGBGB läßt das letzte gemeinsame Heimatrecht entscheiden, wenn es das deutsche war und der Mann die deutsche Staatsangehörigkeit verloren, die Frau sie behalten hat. Die h. M. läßt im übrigen das Heimatrecht des Mannes entscheiden (so überwiegend die Rechtsprechung und aus dem Schrifttum z. B. Raape IPR³, 211, 213; Beitzke JR 52, 143). Andere lassen die letzte gemeinsame Staatsangehörigkeit stets (Lewald IPR, 88) oder wenigstens solange dem Heimatrecht des Mannes vorgehen, wie einer der Eheleute sie behalten hat (Wolff IPR³, 197 f.). Wieder andere lassen zwar die letzte gemeinsame Staatsangehörigkeit entscheiden, solange ein Gatte sie noch besitzt, gehen aber sonst nicht zum Heimatrecht des Mannes, sondern zum Recht des letzten gemeinsamen gewöhnlichen Aufenthalts über (Braga MDR 52, 268; Makarov RabelsZ 17, 389). Auch die Ansicht, das schwächere der beiden Heimatrechte entscheide, wird vertreten (z. B. Palandt-Lauterbach 2 a zu Art. 14 sowie einige Entscheidungen).

Bei solchem Widerstreit, aus dem nur die wichtigsten Meinungen herausgegriffen worden sind, ist m. E. schon de lege lata die Gleichberechtigung durchzuführen. Und zwar ist einmal mit dem ersten Bundesregierungsentwurf des Familienrechtsgesetzes anzunehmen, daß allgemein das *letzte Heimatrecht* entscheidet, solange ein Gatte es beibehalten hat. Im übrigen würde ich mich für den *Grundsatz des schwächeren Rechts* entscheiden (z. B. Unterhaltsanspruch der Frau nur, soweit nach beiden Rechten begründet). Bei der strengen Durchführung des Staatsangehörigkeitsprinzips im Gesetz kann man m. E. de lege lata auf die Staatsangehörigkeit nicht ganz verzichten und (im Wege doppelt negativer Lösung der Gleichberechtigung) zum gewöhnlichen Aufenthalt übergehen.

De lege ferenda bestehen diese Hemmungen nicht. Zwar dürfte auch hier das *letzte gemeinsame Heimatrecht,* solange ein Gatte es bewahrt hat, vorzuziehen sein. Denn warum sollte bei Staatswechsel nur eines Gatten die Kontinuität zurückstehen und unvermittelt der gewöhnliche Aufenthalt maßgebend sein? Man denke z. B., daß ein belgisches Ehepaar in London wohnt und der Mann Franzose wird: die Anwendung englischen Rechts wäre hier durchaus unangemessen. Fehlt aber von eh und je ein gemeinsames Heimatrecht oder haben beide Ehegatten es mit einem anderen und verschiedenen vertauscht, dann ist m. E. der *gemeinsame gewöhnliche Aufenthalt* und hilfsweise der *letzte* gemeinsame gewöhnliche Aufenthalt, falls einer der Eheleute ihn behalten hat, dem Grundsatz des schwächeren Rechts vorzuziehen, der die Ehewirkungen herabdrückt und zwar möglicherweise mehr als in jedem einzelnen der beiden Heimatrechte, weil immer das jeweils schwächere obsiegt. Dennoch wird man auch den *Grundsatz des schwächeren Rechts* nicht ganz entbehren können, nämlich dann nicht, wenn ein gemeinsamer Aufenthalt nie bestanden hat oder zwar bestanden hat, aber von keinem der Eheleute beibehalten worden ist; hier sollten also persönliche Ehewirkungen nur eintreten, soweit sie nach den Heimatrechten beider Eheleute begründet sind.

Diese Regeln lassen sich ohne weiteres auf die *Scheidung* übertragen, wie dies für seine Regeln auch der österreichische Entwurf tut. Ebenso auf die *Trennung von Tisch und Bett,* die nach dem oben S. 104f. Gesagten, abweichend vom österreichischen Entwurf, einzubeziehen ist.

Gleichschaltung der persönlichen Ehewirkungen mit Scheidung und Trennung ist zwar nicht zwingend, aber im Rahmen des Möglichen anzustreben, weil die Scheidungsgründe weitgehend auf dem Recht der persönlichen Ehewirkungen aufbauen. Es ist z. B. mißlich, wenn das Scheidungsstatut ein Verhalten (z. B. Tätlichkeiten) im Unterschied vom Statut der persönlichen Ehewirkungen nicht als rechtswidrig ansieht und deswegen keinen Scheidungsgrund bereitstellt, und noch mißlicher, wenn es umgekehrt ein Verhalten, das nach Ehewirkungsstatut rechtmäßig ist, als rechtswidrig betrachtet und deswegen die Scheidung zuläßt.

Behandelt man die Scheidung und Trennung wie die persönlichen Ehewirkungen, so kann man auf Grund der obigen Ausführungen zu den persönlichen Ehewirkungen einen Teil der vorgeschlagenen Neuregelung wie folgt formulieren:

Art. . . . . . *(Scheidung, Trennung von Tisch und Bett)*

I. Für die Scheidung und für die Trennung von Tisch und Bett ist maßgebend das Recht des Staates, dem beide Ehegatten angehören.

II. Gehören die Ehegatten verschiedenen Staaten an, so ist maßgebend das Recht des Staates, dem beide Ehegatten während der Ehe zuletzt angehört haben, falls einer der Ehegatten diesem Staate noch immer angehört.

III. In anderen als den Fällen der Abs. 1 und 2 ist maßgebend das Recht des Staates, in dem beide Ehegatten ihren gemeinsamen gewöhnlichen Aufenthalt oder mangels eines solchen ihren gemeinsamen Aufenthalt haben.

IV. In anderen als den Fällen der Abs. 1 bis 3 ist maßgebend das Recht des Staates, in dem beide Ehegatten ihren letzten gemeinsamen gewöhnlichen Aufenthalt oder, falls ein solcher nicht bestanden oder aufgehört hat, ihren letzten gemeinsamen Aufenthalt gehabt haben, falls einer der Ehegatten in diesem Staate noch immer gewöhnlichen Aufenthalt oder Aufenthalt hat.

V. 1. In anderen als den Fällen der Abs. 1 bis 4 sind maßgebend die Rechte der Staaten, denen die Ehegatten angehören; es treten nur diejenigen Nebenfolgen der Scheidung oder der Trennung von Tisch und Bett ein, die nach beiden Rechten begründet sind.

2. Läßt nur das Recht des Staates, dem einer der Ehegatten angehört, die Scheidung der Ehegatten oder ihre Trennung von Tisch und Bett zu, so ist dieses Recht maßgebend.

Mehr empfehlen würde sich allerdings eine *Verweisung* auf das Recht der persönlichen Ehewirkungen, etwa wie folgt:

Art. . . . . . *(Persönliche Wirkungen der Ehe)*

I. Für die persönlichen Wirkungen der Ehe ist maßgebend das Recht des Staates, dem beide Ehegatten angehören.

II. Gehören die Ehegatten verschiedenen Staaten an, so ist maßgebend das Recht des Staates, dem beide Ehegatten während der Ehe zuletzt angehört haben, falls einer der Ehegatten diesem Staate noch immer angehört.

III. In anderen als den Fällen der Abs. 1 und 2 ist maßgebend das Recht des Staates, in dem beide Ehegatten ihren gemeinsamen gewöhnlichen Aufenthalt oder mangels eines solchen ihren gemeinsamen Aufenthalt haben.

IV. In anderen als den Fällen der Abs. 1 bis 3 ist maßgebend das Recht des Staates, in dem beide Ehegatten ihren letzten gemeinsamen gewöhnlichen Aufenthalt oder, falls ein solcher nie bestanden oder aufgehört hat, ihren letzten gemeinsamen Aufenthalt gehabt haben, falls einer der Ehegatten in diesem Staate noch immer gewöhnlichen Aufenthalt oder Aufenthalt hat.

V. 1. In anderen als den Fällen der Abs. 1 bis 4 sind maßgebend die Rechte der Staaten, denen die Ehegatten angehören.

2. Es treten nur diejenigen Wirkungen ein, die nach beiden Rechten begründet sind.

Art. . . . . . *(Scheidung, Trennung von Tisch und Bett)*

I. Für die Scheidung und für die Trennung von Tisch und Bett sind maßgebend die in Art. . . . . . (persönliche Wirkungen der Ehe) Abs. 1 bis Abs. 5 Satz 1 genannten Rechte.

II. Im Falle des Art. . . . . . (persönliche Wirkungen der Ehe) Abs. 5 Satz 1 treten nur diejenigen Nebenfolgen der Scheidung oder der Trennung von Tisch und Bett ein, die nach beiden Rechten begründet sind. Läßt nur das Recht des Staates, dem einer der Ehegatten angehört, die Scheidung der Eheleute oder ihre Trennung von Tisch und Bett zu, so ist das Recht dieses Staates maßgebend.

Dazu noch einige Erläuterungen:

Wenn von „Scheidung" statt wie in Art. 17 Abs. 1 EGBGB und wie im österreichischen Entwurf von „Scheidung der Ehe" gesprochen wird, so geschieht das mit Rücksicht auf die Bemerkung von Frankenstein III, 462 a. E. f., daß das BGB im 7. Titel des 4. Buches unter der Überschrift „Scheidung der Ehe" sowohl die Scheidung wie die Aufhebung der ehelichen Gemeinschaft, die einer Trennung gleich- oder nahesteht, geregelt hat. Frankenstein folgert daraus, daß Art. 17 Abs. 1 EGBGB nicht nur die Scheidung, sondern auch die Trennung regelt.

Über den *Stil* des Vorschlags kann man streiten. Statt wie bisher von den „Gesetzen" eines Staates ist vom „Recht" eines Staates gesprochen wie im österreichischen Entwurf. Diese Formulierung trifft genauer und ist einfacher. Der wiederholte Beginn von Absätzen mit der Wendung „in anderen als den Fällen" ist hölzern. Er teilt aber mit dem österreichischen Entwurf (zu den persönlichen Ehewirkungen, auf die in Abs. 1 der Scheidungsvorschrift verwiesen wird) die Übersichtlichkeit.

Der *österreichische Entwurf* ist im übrigen einfacher, aber nur deswegen, weil er die lex fori in m. E. nicht zu billigender Weise vordrängt (Abs. 1 der Scheidung mit Abs. 3 der persönlichen Ehewirkungen, Abs. 3 der Scheidung).

Zweifeln kann man, ob wie in Art. 29 EGBGB neben dem gewöhnlichen auch der *schlichte Aufenthalt* als Anknüpfungsmoment taugt. Ich möchte das bejahen, da der schlichte Aufenthalt nur zum Zuge kommt, wenn ein gewöhnlicher Aufenthalt überhaupt fehlt, also nicht z. B. wenn Ehegatten auf einer Auslandsreise auseinanderlaufen, wohl aber bei Artisten, die innerhalb eines Landes oder in aller Welt umherziehen. Immerhin ist zweifelhaft, ob nicht an den letzten gemeinsamen gewöhnlichen Aufenthalt, falls ein solcher bestanden hat, auch dann angeknüpft werden sollte, wenn nachher die Ehegatten nur noch gemeinsamen schlichten Aufenthalt gehabt haben. Für den Fall, daß der letzte gewöhnliche Aufenthalt entscheidet, ein Ehegatte aber dort nicht mehr gewöhnlichen, sondern nur noch schlichten Aufenthalt ununterbrochen behalten hat, sollte es bei der Anknüpfung an den letzten gewöhnlichen Aufenthalt verbleiben; durch die Formulierung von Abs. 4 der Scheidungs- bzw. persönlichen Ehewirkungsvorschrift ist dieser Fall gedeckt.

Die Anwendung der vorgeschlagenen beiden Absätze auf *Staatenlose* (vgl. Art. 29 EGBGB) dürfte keine besonderen Schwierigkeiten bieten, mag nun einer oder mögen beide Ehegatten staatenlos sein. Der Fall des Abs. I der Scheidungs- bzw. persönlichen Ehewirkungsvorschrift ist z. B. gegeben, wenn der eine Ehegatte in dem Staate, dem der andere angehört, seinen gewöhnlichen Aufenthalt hat, oder wenn beide Ehegatten staatenlos sind und im selben Staate gewöhnlichen Aufenthalt haben (was sich dann mit dem Fall Abs. III deckt).

Auf *Mehrstaater* sind die üblichen Regeln anzuwenden, so daß nur eine Staatsangehörigkeit entscheidet.

b) Frauenschutz und Eheschließungsstatut

Die Gleichberechtigung von Mann und Frau ist bekanntlich nicht schematisch durchzuführen. Sie hindert nicht, daß die Frau mehr geschützt wird als der Mann, wenn die Eigenart ihrer Lage das fordert. Aus diesem Grunde kann eine Schutzvorschrift wie Art. 17 Abs. 3 EGBGB gerechtfertigt werden.

Art. 17 Abs. 3 ist zweimal geändert worden. Er lautete ursprünglich:

Ist zur Zeit der Erhebung der Klage die Reichsangehörigkeit des Mannes erloschen, die Frau aber Deutsche, so finden die deutschen Gesetze Anwendung.

Durch Art. 1 des Frauenscheidungsges. vom 24. 1. 1935 (RGBl. I, 48) erhielt Art. 17 Abs. 3 folgende Fassung:

Für die Klage einer Frau auf Scheidung ihrer Ehe sind die deutschen Gesetze auch dann maßgebend, wenn nur die Frau, nicht aber der Mann die deutsche Staatsangehörigkeit besitzt, und das Heimatrecht des Mannes eine Scheidung dieser Ehe dem Bande nach grundsätzlich nicht zuläßt. Wird die Ehe geschieden, so ist auf Antrag des Mannes auch die Frau für schuldig zu erklären, wenn der Antrag nach deutschem Recht begründet wäre.

Die jetzt geltende Fassung des Art. 17 Abs. 3 beruht auf § 4 der 4. DVO EheG vom 25. 10. 1941 (RGBl. I, 654):

Für die Scheidungsklage der Frau sind die deutschen Gesetze auch dann maßgebend, wenn in dem Zeitpunkt, in dem die Entscheidung ergeht, nur die Frau die deutsche Staatsangehörigkeit besitzt; wird in diesem Falle die Ehe geschieden, so ist auf Antrag des Mannes die Frau für schuldig zu erklären, wenn der Antrag nach deutschem Recht begründet wäre.

Das geltende Recht vermag m. E. rechtspolitisch nicht voll zu befriedigen und ist daher zu reformieren.

Zunächst einmal besteht ein Bedürfnis nach Berücksichtigung des Frauenrechts m. E. nur, wenn die Frau diesem Recht schon *bei Eingehung der Ehe* unterstanden hat, gleich, ob sie inzwischen einem anderen Recht unterstanden hat oder nicht. In diesen Fällen ist es aber auch anzuerkennen. Wenngleich gewöhnlich bei Eingehung der Ehe nicht an Scheidung gedacht wird, so erscheint es doch angezeigt, das Eheband nicht schwerer zu machen als nach dem Eheschließungsstatut. Dabei gehe ich hier und im folgenden aus von der Fortgeltung des Heimatrechts wie de lege lata in Art. 13 Abs. 1 EGBGB.

Dieser Grundsatz ist aber auch auf den *Mann* zu erstrecken. Heiratet ein Mann eine Frau, die durch Heirat seine Staatsangehörigkeit nicht erwirbt (und dieser Fall wird immer häufiger eintreten), und nimmt er mit der Frau in deren Land gewöhnlichen Aufenthalt, so wäre nach der oben a S. 106–11 vorgeschlagenen Grundregelung die Ehe in vielen Fällen unscheidbar. Hier muß auch dem Mann ein Ausweg eröffnet werden.

Es erscheint mir weiterhin nicht angezeigt, eine Ausnahmevorschrift für *Deutsche* zu schaffen. Solche Vorschriften sollten bei einer Reform ganz vermieden werden. Daher ist m. E. eine *allseitige Kollisionsnorm* zu bilden.

Infolge davon kann es begegnen, daß sowohl Mannes- wie Frauenrecht die Scheidung zulassen. Die Nebenfolgen sollten sich dann nach dem *schwächeren Recht* richten.

Für *Staatenlose* empfiehlt sich eine zusätzliche Vorschrift, da Art. 17 Abs. 3 auf sie nicht erstreckt worden ist.

Wer *klagt,* sollte gleichgültig sein. Was dem einen recht ist, ist dem andern billig. Eine *Mitschuld*vorschrift wie in Art. 17 Abs. 3 Halbsatz 2 erübrigt sich dann als selbstverständlich.

Was für die Scheidung gilt, sollte auch hier für die *Trennung von Tisch und Bett* gelten.

Demnach komme ich zu folgendem Gesetzesvorschlag, dessen Bezifferung variiert, je nachdem man die Grundregelung (oben a S. 106 bis 111) für die Scheidung selbständig oder durch Verweisung auf die persönlichen Ehewirkungen formuliert:

VI. bzw. III. 1. Ist die Scheidung der Ehegatten oder ihre Trennung von Tisch und Bett nach den in den Abs. 1 bis 5 bzw. 1 und 2 genannten Rechten nicht zulässig, dagegen nach dem Rechte des Staates, dem ein Ehegatte angehört und bei Heirat angehört hat, zulässig, so ist dieses Recht maßgebend.

2. Ist die Scheidung der Ehegatten und ihre Trennung von Tisch und Bett auch nach dem Recht des Staates zulässig, dem der andere Ehegatte angehört und bei Heirat angehört hat, so ist auch dieses Recht maßgebend; es treten nur diejenigen Nebenfolgen der Scheidung oder Trennung von Tisch und Bett ein, die nach beiden Rechten begründet sind.

3. Bei einem staatenlosen Ehegatten tritt an die Stelle des Rechts des Staates, dem er angehört oder bei Heirat angehört hat, das Recht des Staates, in dem er seinen gewöhnlichen Aufenthalt oder mangels eines solchen seinen Aufenthalt hat und bei Heirat gehabt hat.

Grundgedanke der hier vorgeschlagenen Gesamtlösung ist: Scheidung nach dem Recht der *persönlichen Ehewirkungen,* hilfsweise nach dem Recht der *Eheschließung* (soweit es beibehalten oder wiedererworben ist).

Der *österreichische Entwurf* bezieht zwar hinsichtlich des Eheschließungsstatuts auch den Mann ein, bildet aber nur eine einseitige Kollisionsnorm und stellt auch m. E. ohne hinreichenden Grund auf die Klage ab, der dann aber eine Widerklage folgen soll.

Ebenso läßt der österreichische Entwurf an Stelle der verlorenen Staatsangehörigkeit dreijährigen Inlandsaufenthalt genügen. Dies scheint mir nicht erforderlich. Man darf Rückerwerb der Staatsangehörigkeit verlangen (außer bei staatenlos Gewordenen und Gebliebenen, bei denen aber gewöhnlicher oder schlichter Inlandsaufenthalt ohne Frist genügen sollte).

c) Fehlen einer Ehe nach Scheidungsstatut

Für den Fall, daß nach dem Scheidungsstatut keine Ehe besteht, sei es, daß sie nicht zustandegekommen ist (Hauptfall: Heirat nach Art. 13

Abs. 3 EGBGB) oder aufgelöst ist, wendet die ganze herrschende Meinung auf die Scheidung das deutsche Recht an. Dagegen auch hier für Anwendung des Scheidungsstatuts Raape (JW 34, 2951–2964; IPR[3], 196) und vereinzelte Rechtsprechung. Es fragt sich, ob diese Regel zu kodifizieren ist.

Ich möchte mich *dagegen* aussprechen. Die herrschende Meinung ist sehr fest. Dennoch ist das letzte Wort noch nicht gesprochen, und man sollte dem nicht vorgreifen. Ich selbst würde mich de lege lata für Anwendung des Scheidungsstatuts entscheiden, soweit es ebenso leicht oder gar leichter ist, als das deutsche Recht. Auch könnte man vielleicht für die Nebenfolgen der Scheidung, wenn das Scheidungsstatut die Scheidung überhaupt kennt, auf dieses immer oder wenigstens in geeigneten Fällen zurückgreifen.

d) Mitsprache deutschen Rechts

Art. 17 Abs. 4 EGBGB lautete ursprünglich:

„Auf Scheidung *sowie auf Aufhebung der ehelichen Gemeinschaft* kann ...".

Die Worte „sowie auf Aufhebung der ehelichen Gemeinschaft" wurden durch § 29 der 1. DVO EheG vom 25. 7. 1938 (RGBl. I, 933) gestrichen, weil das EheG die im BGB enthaltene Aufhebung der ehelichen Gemeinschaft beseitigt hatte.

M. E. sollte die *ganze Vorschrift gestrichen* werden. Es entspricht zwar den meisten Internationalprivatrechten (Rabel I, 436–438), entweder nur nach der lex fori zu scheiden (so im Ergebnis die Länder des Domizilprinzips) oder die lex fori wenigstens zu berücksichtigen (Schweden, Schweiz, Japan, China, Rechtsprechung in Frankreich). Aber da das deutsche Scheidungsrecht verhältnismäßig großzügig ist, kommen praktisch im wesentlichen nur einverständliche Scheidung und die einseitige Verstoßung des moslemischen Rechts in Betracht; daß der Mann die Frau wegen Geschwätzigkeit verstoßen konnte wie in China vor 1931 (Rabel I, 439), ist ein Kuriosum. Die allgemeine Vorbehaltsklausel bietet hiergegen völlig ausreichenden Spielraum und ermöglicht andererseits im internationalen Bereich eine angemessene Auflockerung über die Grenzen des jeweiligen positiven deutschen Scheidungsrechts hinaus, zumal, wenn man die Trennung von Tisch und Bett in die Neuregelung einschließt.

Wie hier für die Scheidung z. B. die ältere französische Praxis, Polen (IPR-Ges. 1926 Art. 17), Griechenland (ZGB Art. 16) und vielleicht Portugal (Rabel I, 436[201]). Im deutschen Schrifttum ist de lege ferenda wohl nur beanstandet worden, daß die Scheidungsgründe nach Heimatrecht und Ortsrecht verschieden sein können (Kahn II, 365–370, vgl.

auch 322 [Proteus des ordre public nehme immer die der Praxis wohlgefälligste Gestalt an, IPR als Vorläufer des materiellen Rechts], 324 [keine allgemeine Entscheidung über Mitsprache der lex fori möglich]; Frankenstein III, 486).

3. Maßgeblicher Zeitpunkt

a) Klageerhebung und Urteilsverkündung

Art. 17 Abs. 1 EGBGB erklärt für maßgebend die „Zeit der Erhebung der *Klage*", Art. 17 Abs. 3 aber den „Zeitpunkt, in dem die *Entscheidung* ergeht". Die Rechtsprechung nimmt fast einhellig beides wörtlich. Dagegen hat sich Raape in beiden Fällen für den Urteilszeitpunkt (genauer für die letzte mündliche Verhandlung und zwar auch in der Revisionsinstanz) ausgesprochen (Staudinger-Raape 378; Staatsangehörigkeitsprinzip und Scheidungsakt, 1943, 128–141; IPR[3], 190–192; ebenso Frankenstein III, 436–438). Andere wollen in Art. 17 Abs. 1 bei einem Staatswechsel während des Rechtsstreits das neue Heimatrecht wenigstens dann entscheiden lassen, wenn eine Tatsache, die nach dem neuen Heimatrecht einen Scheidungsgrund bildet, erst nach dem Staatswechsel eingetreten und im Rechtsstreit geltend gemacht ist (Wolff IPR[3], 208[13]; Palandt-Lauterbach 3 zu Art. 17; vereinzelt auch die Rechtsprechung).

Der Zeitpunkt der Klageerhebung findet sich bereits in sämtlichen Entwürfen, angefangen mit den beiden von Gebhard. Die beiden letzten Fassungen des *österreichischen Entwurfs* sind zu ihm zurückgekehrt. Die erste Fassung ging eigene Wege, von denen noch zu sprechen sein wird (unten S. 116 f.).

Für den Zeitpunkt der Klageerhebung sprechen Gründe der Klarheit und Bequemlichkeit. Sie haben die beiden letzten Fassungen des österreichischen Entwurfs bestimmt (Gründe der revidierten Fassung S. 4).

Da indessen sonst neue Tatsachen auch während des Rechtsstreits und Rechtsänderungen sogar in der Revisionsinstanz berücksichtigt werden, erscheint mir persönlich das Einfrieren des Scheidungsstatuts mit dem Zeitpunkt der Klageerhebung nicht angebracht. In anderen Fällen wandelbarer Statute, z. B. bei den persönlichen Ehewirkungen (an die sich nach dem hier vertretenen Vorschlag die Scheidung anlehnen soll), ist anscheinend die Festlegung des maßgeblichen Rechts auf den Zeitpunkt der Klageerhebung nirgends erwogen worden.

Die Frage kann nicht als geklärt angesehen werden. Sie wird zudem nur selten praktisch. Man sollte daher der Entwicklung Raum lassen und im Gesetz schweigen.

b) Nachwirkung früheren Rechts

Nach *Art. 17 Abs. 2 EGBGB* kann eine Tatsache, die sich ereignet hat, während der Mann einem anderen Staate angehörte als zur Zeit der Klageerhebung, als Scheidungsgrund nur geltend gemacht werden, wenn die Tatsache auch nach den Gesetzen des anderen Staats ein Scheidungs- oder wenigstens ein Trennungsgrund ist.

Art. 17 Abs. 2 wird meist als eine Vorschrift zur Verhinderung einer Gesetzesumgehung verstanden. Aber er gilt auch für Staatswechsel kraft Gesetzes und, wenn man die Übergangsvorschrift des Art. 201 EGBGB heranzieht, die im wesentlichen dasselbe sagt, so zeigt sich, daß Art. 17 Abs. 2 intertemporalen Charakter hat, mag er auch mittelbar Gesetzesumgehungen ausschalten.

Art. 17 Abs. 2 betrifft nicht den Fall, daß eine Scheidung unter der Herrschaft des alten Rechts bereits vollzogen ist, sondern den Fall, daß ein Scheidungsgrund neuen Rechts sich unter der Herrschaft des alten Rechts verwirklicht hat und der Vollzug unter der Herrschaft des neuen Rechts erfolgen soll. Daß dann die Scheidung nach Grund und Vollzug dem neuen Recht unterliegt, ergibt bereits Art. 17 Abs. 1 (maßgebend ist das Heimatrecht des Mannes bei Klageerhebung). Früher verwirklichte Scheidungsgründe verfallen demnach, wenn sie nach neuem Recht keine Scheidungsgründe sind, insbesondere das neue Recht überhaupt keine Scheidung zuläßt. Art. 17 Abs. 2 regelt die umgekehrte Sachlage, daß nach neuem Recht ein Scheidungsgrund besteht, nach altem Recht nicht, und daß der Scheidungsgrund sich während der Herrschaft des alten Rechts verwirklicht hat. Hier verbietet er die Rückwirkung des neuen Rechts: für das factum praeteritum bleibt das alte Recht maßgebend und hindert die Scheidung (mit der unbedeutenden Ausnahme, daß das alte Recht wenigstens die Trennung zuließ).

Das steht im Einklang mit allgemeinen intertemporalen Grundsätzen und dürfte rechtspolitisch befriedigen. Gelegentlich hat man zwar zum Schutze der Frau, die nach geltendem Recht durch Staatswechsel des Mannes einen erworbenen Scheidungsgrund verlieren kann, Beurteilung des früher eingetretenen Scheidungsgrundes nach früherem Recht gefordert (Wolff IPR[3], 208); aber dieser Gesichtspunkt entfällt bei Durchführung der Gleichberechtigung.

Auch der *österreichische Entwurf* wollte in seiner ersten Fassung auf den Zeitpunkt der Vollendung des Scheidungstatbestandes abstellen (Abs. 1 Satz 2). Er berief sich dafür auch auf die Entwürfe zum BGB (S. 35 der Begründung der 1. Fassung), die aber eine solche Regelung nur für andere Arten der Eheauflösung, nicht für die Scheidung vorsahen (Mugdan I, XLVII). Er enthielt außerdem (in Abs. 2) eine intertemporale Vorschrift, der zufolge auch nach dem zur Zeit der Entscheidung maßgebenden Recht ein Scheidungsgrund vorliegen mußte; diese Vorschrift wurde später mit Recht beanstandet, weil sie mit der Maßgeblichkeit des Rechts zur Zeit der Verwirklichung des Scheidungsgrundes nicht vereinbar war (Begründung der revidierten Fassung S. 4 a. E. f.). Nachdem die späteren Fassungen des Entwurfs zur Maßgeblichkeit des Zeitpunkts der Klageerhebung zurückgekehrt waren, hätte die Aufnahme einer Vorschrift ähnlich dem Art. 17 Abs. 2 EGBGB nahegelegen. Man entschied sich jedoch dagegen, weil eine solche Vorschrift wegen der kurzen Ausschlußfristen für die Geltendmachung von Scheidungsgründen geringe praktische Bedeutung habe und Ausländer schlechter stelle als Inländer (Begründung der revidierten Fassung S. 5).

Der zweite Grund dürfte nicht durchschlagen, da die Lage eben eine andere ist. Auch die praktische Bedeutung des Art. 17 Abs. 2 ist nicht ganz gering; jedenfalls gibt es eine Anzahl von Entscheidungen, die sich mit ihm befassen. Bedenkt man schließlich den schon mehrfach erwähnten Zusammenhang zwischen Scheidung und persönlichen Ehewirkungen und die allgemeine Mißlichkeit von Rückwirkungen, so dürfte es sich doch empfehlen, eine Vorschrift nach Art des Art. 17 Abs. 2 beizubehalten. Man denke z. B. an den Fall, daß ein Ehebruch des Mannes ohne erschwerende Umstände (wie die Aufnahme der Konkubine in die Ehewohnung) zunächst kein Scheidungsgrund war (Art. 30 EGBGB ist hier von der deutschen Praxis nicht angewandt worden: OLG Kiel SA 78, 267; a. A. Makarov RabelsZ 17, 393) und nun die Scheidung auf Grund deutschen Rechts ausgesprochen werden soll.

Allerdings bedarf es einer Anpassung des Art. 17 Abs. 2, wenn, wie hier vorgeschlagen, das Heimatrecht des Mannes nicht mehr als solches Scheidungsstatut sein soll (oben 2 a S. 106–111). Auch paßt die ganze Regel nicht auf die Fälle, in denen das Eheschließungsstatut die Scheidung beherrschen soll (oben 2 b S. 111–113). Man müßte sie daher zwischen die Scheidung nach dem Statut der persönlichen Ehewirkungen und die Scheidung nach dem Eheschließungsstatut einschieben, und sie müßte etwa lauten:

> V a bzw. II a. Eine Tatsache, die sich zu einer Zeit ereignet hat, in der nach den Absätzen 1–5 (bzw. 1 und 2) für die Scheidung oder die Trennung von Tisch und Bett ein anderes Recht maßgebend gewesen wäre, als nach diesen Absätzen maßgebend ist, bildet einen Scheidungs- oder Trennungsgrund nur dann, wenn sie auch nach diesem Recht einen Grund entweder für eine Scheidung der Ehegatten oder für ihre Trennung von Tisch und Bett bildet.

Zur Erläuterung sei noch bemerkt, daß es, wie bisher, für die Scheidung genügen sollte, wenn nach früherem Recht ein Trennungsgrund bestand, daß es aber auch umgekehrt für die Trennung genügen muß, wenn nach früherem Recht (das vielleicht keine Trennung kennt) ein Scheidungsgrund vorlag.

4. Vollzug

Die Scheidung erfolgt in den meisten Rechten durch Urteil eines staatlichen Gerichts; in einigen romanischen Ländern ist außerdem Eintragung ins Register des Standesamts nötig. Daneben begegnet Scheidung durch Verwaltungsakt, insbesondere durch das Staatsoberhaupt (Dänemark, Norwegen), ferner durch Sondergesetz (Kanada, Irland), durch geistliche Behörden (früher in Osteuropa) und schließlich in manchen Spielarten die Scheidung durch Vertrag oder einseitiges Rechtsgeschäft (z. B. die Verstoßung der Frau durch den Mann nach moslemischem Recht); auch die Scheidung nach jüdischem Recht, die die deutsche Praxis zwischen den Weltkriegen viel beschäftigt hat, ist im Grunde wohl rechtsgeschäftlich. Die Trennung von Tisch und Bett geschieht durch Urteil staatlichen Gerichts, im Verfahren der freiwilligen Gerichtsbarkeit oder durch geistliche Behörden.

Die Frage nach der internationalprivat- und verfahrensrechtlichen Behandlung des Scheidungs- und Trennungsvollzugs im In- und Ausland führt auf ein ganzes Bündel von Einzelproblemen. Vieles ist streitig oder ungeklärt, z. B. die Durchführung der Scheidung nach jüdischem Recht in Deutschland, der Ausspruch der Scheidung in Deutschland, wenn nach Scheidungsstatut außer dem Urteil die Eintragung im Personenstandsregister nötig ist, der Vollzug der rechtsgeschäftlichen Scheidung, wenn ein Tatbestandsteil (z. B. Absendung oder Zugang des Scheidebriefs nach moslemischem Recht) in Deutschland verwirklicht wird, die Grundsätze für die Anerkennung ausländischer Scheidungen durch Verwaltungsakt, ausländischer Trennungen im Verfahren der freiwilligen Gerichtsbarkeit.

Für eine *Gesamt*regelung dieses Gebiets scheint mir die Zeit noch nicht reif. Es kann nur die Regelung *einzelner Teile* erwogen werden. Eine solche besteht schon für die internationale Zuständigkeit und für die Anerkennung ausländischer Urteile, wovon unten II S. 123–136 zu handeln ist. Darüber hinaus kommt m. E. das folgende in Betracht.

Daß deutsche Gerichte eine *Trennung von Tisch und Bett* nicht ablehnen dürfen, ist schon oben S. 104 f. gefordert und im Gesetzesvorschlag ausgedrückt worden.

Zu überlegen bliebe weiter, ob man nicht von Gesetzes wegen mit dem Grundsatz der Praxis (und eines großen Teils des Schrifttums) brechen sollte, daß *Scheidung in Deutschland nur durch gerichtliches Urteil* möglich ist. Eine gesetzliche Grundlage fehlt, da Art. 13 Abs. 3

EGBGB kein Gegenstück in Art. 17 besitzt. Außerdem wird Art. 13 Abs. 3 mit Recht getadelt, weil er zu vielen hinkenden Ehen führt. Dasselbe bewirkt aber die zwingende Urteilsscheidung im Inland. Das Interesse an der Klarstellung des Ehebandes muß demgegenüber m. E. zurücktreten, zumal es bei Auslandsvollzug der Scheidung nicht beachtet wird; auch bleibt ja die Möglichkeit, die vollzogene Scheidung gerichtlich feststellen zu lassen. Dennoch scheint mir eine gesetzliche Regelung nicht nötig. Denn die bisherige Praxis betraf hauptsächlich Inlandsscheidungen durch Rabbiner, die wegen der Einführung weltlichen Rechts in Osteuropa künftig nicht mehr bedeutsam sein werden. Die, so viel ich sehe, einzige Entscheidung nach dem zweiten Weltkrieg (OLG München StAZ 1950, 130) galt einer Scheidung durch das Gericht der Orthodoxen Deutschen Epiarchie. Man darf daher wohl im Gesetz schweigen und auf die künftige Entwicklung von Rechtsprechung und Lehre bauen, zumal wenn Art. 13 Abs. 3 EGBGB im Zuge der Reform fallen sollte.

Von der Frage, ob die Urteilsscheidung im Inland zwingend sein soll, ist zu unterscheiden die andere Frage, ob eine *Urteilsscheidung oder -trennung im Inland immer zur Verfügung stehen* sollte. Dies wäre m. E. in der Tat zu empfehlen und zwar hauptsächlich im Interesse der Parteien, die oft nicht die Möglichkeit haben, ihr Recht im Staate des Scheidungs- oder Trennungsstatuts zu suchen. Nur muß man sich von der Vorstellung befreien, daß das Scheidungsurteil notwendig gestaltet (was zu Schwierigkeiten bei rechtsgeschäftlicher Scheidung nach Scheidungsstatut führt) oder daß es notwendig endgültig gestaltet (was zu Schwierigkeiten führt, wenn das Scheidungsstatut neben dem Urteil noch die Eintragung ins Personenstandsregister fordert). Auch besteht m. E. kein Grund gegen gestaltende Scheidung, wenn nach Scheidungsstatut durch Verwaltungsakt oder Gesetz im formellen Sinne geschieden wird, vorausgesetzt, daß solche Scheidungen nicht nach freiem Ermessen erfolgen, sondern auf Grund gefestigter Regeln. Doch sind auch diese Fragen m. E. für eine gesetzliche Regelung untauglich.

Schließlich könnte man daran denken, den *Schuldausspruch* im deutschen Scheidungs- oder Trennungsurteil bei Scheidung oder Trennung nach ausländischem Recht gesetzlich zu regeln. Die deutsche Rechtsprechung zum Schuldausspruch bei Scheidung ist ebenso zahlreich wie verworren. Die meisten Urteile berühren den Schuldausspruch nur ganz kurz am Schluß. M. E. sollte er nur und immer dann erfolgen, wenn nach Scheidungs- oder Trennungsstatut die Schuld für die Nebenfolgen der Scheidung oder Trennung erheblich ist. Aber auch dieser Punkt scheint mir nicht wichtig genug, um ihn bei einer Reform gesetzlich zu regeln.

5. Folgen

Hauptfolge der Scheidung ist die Auflösung der Ehe. Bei der Urteilsscheidung hat man neuerdings unterschieden zwischen der Rechtskraft des Urteils, für die die lex fori maßgebend sei, und seiner Gestaltungswirkung, die sich nach dem Scheidungsstatut richte (Süß, Rosenberg-Festschrift 1949, 256–258; Riezler, Internationales Zivilprozeßrecht, 1949, 249). Derselbe Unterschied könnte bei einem Trennungsurteil gemacht werden. Ob dies mit Recht geschieht, stehe dahin. Für eine gesetzliche Regelung besteht kein Bedürfnis.

Die *Nebenfolgen* der Scheidung und Trennung werden grundsätzlich dem Scheidungs- oder Trennungsstatut unterworfen. Davon geht auch die hier vorgeschlagene Gesetzesformel aus, die sich im übrigen nur mit der Regelung der Nebenfolgen bei Maßgeblichkeit zweier Scheidungs- oder Trennungsstatute befaßt. Für weitere Regeln könnte man an das *Namensrecht der geschiedenen Frau* denken, für das Ficker RabelsZ 16, 32–43, neue und recht verwickelte Lösungen vorgeschlagen hat, und vielleicht noch an die dem schuldigen Ehegatten nach Art. 150 des schweizerischen ZGB aufzuerlegende *Wartefrist*, deren Anordnung im deutschen Scheidungsurteil überwiegend, aber nicht einhellig abgelehnt wird. Doch dürften diese Fragen für eine gesetzliche Regelung nicht wichtig genug sein.

6. Gesetzesvorschlag

Im folgenden fasse ich die im bisherigen Verlauf der Darstellung entworfenen Gesetzesbestimmungen mit durchlaufender Bezifferung zusammen und zwar für den Fall einer geschlossenen Regelung der Scheidung (a) und für den Fall einer Regelung mit Verweisung auf das Recht der persönlichen Ehewirkungen (b).

a) Geschlossene Regelung der Scheidung

Art. ..... *(Scheidung, Trennung von Tisch und Bett)*

I. Für die Scheidung und für die Trennung von Tisch und Bett ist maßgebend das Recht des Staates, dem beide Ehegatten angehören.
II. Gehören die Ehegatten verschiedenen Staaten an, so ist maßgebend das Recht des Staates, dem beide Ehegatten während der Ehe zuletzt angehört haben, falls einer der Ehegatten diesem Staate noch immer angehört.
III. In anderen als den Fällen der Absätze 1 und 2 ist maßgebend das Recht des Staates, in dem beide Ehegatten ihren gemeinsamen gewöhnlichen Aufenthalt oder mangels eines solchen ihren gemeinsamen Aufenthalt haben.
IV. In anderen als den Fällen der Absätze 1 bis 3 ist maßgebend das Recht des Staates, in dem beide Ehegatten ihren letzten gemeinsamen gewöhn-

lichen Aufenthalt oder, falls ein solcher nie bestanden oder aufgehört hat, ihren letzten gemeinsamen Aufenthalt gehabt haben, falls einer der Ehegatten in diesem Staate noch immer gewöhnlichen Aufenthalt oder Aufenthalt hat.

V. 1. In anderen als den Fällen der Absätze 1 bis 4 sind maßgebend die Rechte der Staaten, denen die Ehegatten angehören; es treten nur diejenigen Nebenfolgen der Scheidung oder der Trennung von Tisch und Bett ein, die nach beiden Rechten begründet sind.

2. Läßt nur das Recht des Staates, dem einer der Ehegatten angehört, die Scheidung der Ehegatten oder ihre Trennung von Tisch und Bett zu, so ist dieses Recht maßgebend.

VI. Eine Tatsache, die sich zu einer Zeit ereignet hat, in der nach den Absätzen 1 bis 5 für die Scheidung oder die Trennung von Tisch und Bett ein anderes Recht maßgebend gewesen wäre, als nach diesen Absätzen maßgebend ist, bildet einen Scheidungs- oder Trennungsgrund nur dann, wenn sie auch nach diesem Recht einen Grund entweder für eine Scheidung der Ehegatten oder für ihre Trennung von Tisch und Bett bildet.

VII. 1. Ist die Scheidung der Ehegatten oder ihre Trennung von Tisch und Bett nach den in den Absätzen 1 bis 5 genannten Rechten nicht zulässig, dagegen nach dem Rechte des Staates, dem ein Ehegatte angehört und bei Heirat angehört hat, zulässig, so ist dieses Recht maßgebend.

2. Ist die Scheidung der Ehegatten und ihre Trennung von Tisch und Bett auch nach dem Recht des Staates zulässig, dem der andere Ehegatte angehört und bei Heirat angehört hat, so ist auch dieses Recht maßgebend; es treten nur diejenigen Nebenfolgen der Scheidung oder Trennung von Tisch und Bett ein, die nach beiden Rechten begründet sind.

3. Bei einem staatenlosen Ehegatten tritt an die Stelle des Rechts des Staates, dem er angehört oder bei Heirat angehört hat, das Recht des Staates, in dem er seinen gewöhnlichen Aufenthalt oder mangels eines solchen seinen Aufenthalt hat und bei Heirat gehabt hat.

b) Regelung der Scheidung mit Verweisung auf das Recht der persönlichen Ehewirkungen

Art. ..... *(Persönliche Wirkungen der Ehe)*

I. Für die persönlichen Wirkungen der Ehe ist maßgebend das Recht des Staates, dem beide Ehegatten angehören.

II. Gehören die Ehegatten verschiedenen Staaten an, so ist maßgebend das Recht des Staates, dem beide Ehegatten während der Ehe zuletzt angehört haben, falls einer der Ehegatten diesem Staate noch immer angehört.

III. In anderen als den Fällen der Absätze 1 und 2 ist maßgebend das Recht des Staates, in dem beide Ehegatten ihren gemeinsamen gewöhnlichen Aufenthalt oder mangels eines solchen ihren gemeinsamen Aufenthalt haben.

IV. In anderen als in den Fällen der Absätze 1 bis 3 ist maßgebend das Recht des Staates, in dem beide Ehegatten ihren letzten gemeinsamen gewöhnlichen Aufenthalt oder, falls ein solcher nie bestanden oder aufgehört

hat, ihren letzten gemeinsamen Aufenthalt gehabt haben, falls einer der Ehegatten in diesem Staate noch immer gewöhnlichen Aufenthalt oder Aufenthalt hat.
V. 1. In anderen als den Fällen der Absätze 1 bis 4 sind maßgebend die Rechte der Staaten, denen die Ehegatten angehören.
2. Es treten nur diejenigen Wirkungen ein, die nach beiden Rechten begründet sind.

Art. ..... *(Scheidung, Trennung von Tisch und Bett)*

I. Für die Scheidung und für die Trennung von Tisch und Bett sind maßgebend die in Art. ..... (persönliche Wirkungen der Ehe) Abs. 1 bis Abs. 5 Satz 1 genannten Rechte.
II. Im Falle des Art. ..... (persönliche Wirkungen der Ehe) Abs. 5 Satz 1 treten nur diejenigen Nebenfolgen der Scheidung oder der Trennung von Tisch und Bett ein, die nach beiden Rechten begründet sind. Läßt nur das Recht des Staates, dem einer der Ehegatten angehört, die Scheidung der Eheleute oder ihre Trennung von Tisch und Bett zu, so ist das Recht dieses Staates maßgebend.
III. Eine Tatsache, die sich zu einer Zeit ereignet hat, in der nach den Absätzen 1 und 2 für die Scheidung oder die Trennung von Tisch und Bett ein anderes Recht maßgebend gewesen wäre, als nach diesen Absätzen maßgebend ist, bildet einen Scheidungs- oder Trennungsgrund nur dann, wenn sie auch nach diesem Recht einen Grund entweder für eine Scheidung der Ehegatten oder für ihre Trennung von Tisch und Bett bildet.
IV. 1. Ist die Scheidung der Ehegatten oder ihre Trennung von Tisch und Bett nach den in den Absätzen 1 und 2 genannten Rechten nicht zulässig, dagegen nach dem Rechte des Staates, dem ein Ehegatte angehört und bei Heirat angehört hat, zulässig, so ist dieses Recht maßgebend.
2. Ist die Scheidung der Ehegatten und ihre Trennung von Tisch und Bett auch nach dem Recht des Staates zulässig, dem der andere Ehegatte angehört und bei Heirat angehört hat, so ist auch dieses Recht maßgebend; es treten nur diejenigen Nebenfolgen der Scheidung oder Trennung von Tisch und Bett ein, die nach beiden Rechten begründet sind.
3. Bei einem staatenlosen Ehegatten tritt an die Stelle des Rechtes des Staates, dem er angehört oder bei Heirat angehört hat, das Recht des Staates, in dem er seinen gewöhnlichen Aufenthalt oder mangels eines solchen seinen Aufenthalt hat und bei Heirat gehabt hat.

II. Internationales Zivilprozeßrecht

1. Umfang der Regelung

a) Internationale Zuständigkeit und Anerkennung ausländischer Entscheidungen

Auf der verfahrensrechtlichen Seite einer Reform des deutschen internationalen Ehescheidungsrechts sind vordringlich die Regeln über *internationale Zuständigkeit* und *Anerkennung ausländischer Entscheidungen.* Nur von ihnen soll im folgenden gehandelt werden. Es sei aber immerhin bemerkt, daß in zweiter Reihe noch andere Punkte in Betracht kommen. So könnte man prüfen, ob die Vorschriften über die Sicherheitsleistung für Prozeßkosten, über das Armenrecht und über die Feststellung ausländischen Rechts im Hinblick auf Scheidungsprozesse gewisse Abwandlungen erfahren sollten. Auch ließen sich Klarstellungen in den §§ 627 und 627 b ZPO erwägen. Denn hier herrscht bekanntlich Streit, ob und wieweit das deutsche Gericht seinen einstweiligen Maßnahmen deutsches materielles Recht oder das nach deutschem IPR anwendbare Recht und damit gegebenenfalls ausländisches materielles Recht zugrundelegen muß.

b) Internationales Zivilprozeßrecht

Die folgende Untersuchung befaßt sich nur mit dem internationalen Zivilprozeßrecht im üblichen Sinne. Internationale Zuständigkeit und Anerkennung ausländischer Entscheidungen werden daher nur besprochen, soweit es um den Erlaß und die Anerkennung von *Urteilen* im Sinne des § 328 ZPO geht. Dahin gehören auch die Urteile geistlicher Behörden, soweit sie unter staatlicher Autorität tätig werden (Stein-Jonas § 328 III 2), nicht aber Entscheidungen von Verwaltungsgerichten (streitig; vgl. Stein-Jonas a.a.O. und Baumbach-Lauterbach § 328 1 B) und Verwaltungsbehörden und nicht Akte der freiwilligen Gerichtsbarkeit (Baumbach-Lauterbach a.a.O.; Riezler, Internationales Zivilprozeßrecht, 529). Für sie gelten zum Teil andere und hinsichtlich der Anerkennung nicht an die engen positivrechtlichen Grenzen von § 328 ZPO gebundene Gesichtspunkte; für eine Kodifikation besteht weder der nötige Reifegrad, noch ein erhebliches Bedürfnis. Daß § 24 der 4. DVO EheG vom 25. 10. 1941 (RGBl. I, 654) weiter greift, hat Bedeutung nur für das Verfahren, nicht für die Voraussetzungen der Anerkennung ausländischer Entscheidungen in Ehesachen. Der ebenfalls weitergreifende § 606 Abs. 2 ZPO hat allerdings sachliche Bedeutung, indem er die internationale Zuständigkeit für Entscheidungen ausländischer Behörden aller Art in Ehesachen erweitert; doch wird er sich als entbehrlich erweisen (unten S. 126–128).

c) Trennung von Tisch und Bett

Die Trennung von Tisch und Bett wird im folgenden der Scheidung gleichgestellt. Denn die Problemlage ist dieselbe (Schwenn unten S. 150). Auch internationalprivatrechtlich ergab sich kein Unterschied (oben I c S. 104 f.).

2. Internationale Zuständigkeit

a) Gerichtsbarkeit, internationale, sachliche und örtliche Zuständigkeit

Es empfiehlt sich, zwischen *Gerichtsbarkeit* und *internationaler Zuständigkeit* sachlich und sprachlich zu trennen (Pagenstecher RabelsZ 11, 342–345). Beide betreffen die Entscheidungsbefugnis in- und ausländischer Gerichte. Aber während der Mangel der Gerichtsbarkeit (z. B. hinsichtlich Exterritorialer, ausländischer Staaten, Angehöriger der Alliierten Streitkräfte) das inländische Urteil nichtig macht, läßt Überschreitung der internationalen Zuständigkeit die Gültigkeit des inländischen Urteils unberührt, hindert freilich die Anerkennung eines ausländischen Urteils. Dem Sprachgebrauch des *österreichischen Entwurfs,* der von Gerichtsbarkeit spricht, aber internationale Zuständigkeit meint, ist daher nicht zu folgen.

Weiterhin sollte man bei einer Reform die *internationale Zuständigkeit* einerseits und die *sachliche und örtliche Zuständigkeit* andererseits nicht in einer Vorschrift zusammenfassen. Insofern verdient der *österreichische Entwurf* Beifall. Der geltende § 606 ZPO, der alles in einem Topf kocht, verwirrt den Leser ungemein. Die sachliche Zuständigkeit deutscher Gerichte hat mit der internationalen Zuständigkeit deutscher und ausländischer Gerichte überhaupt keinen Berührungspunkt. Die Regeln für internationale und örtliche Zuständigkeit berühren sich zwar zum Teil, müssen aber zu einem andern Teil verschieden sein. Z. B. ist die Staatsangehörigkeit der Parteien für die örtliche Zuständigkeit und die Zuständigkeit des LG Berlin für die internationale Zuständigkeit belanglos. Weiterhin wirkt es sich aus, daß es wesentlich leichter ist, dem Beklagten im selben Lande an sein Gericht zu folgen, als ihm ins Ausland nachzuwandern. Daher kann die örtliche Zuständigkeit als „ausschließliche" im Sinne des Ausschlusses von Parteivereinbarungen (vgl. § 40 Abs. 2 ZPO), aber auch im Sinne der gesetzlichen Zuständigkeit eines einzigen Gerichts gestaltet werden. Die internationale Zuständigkeit aber kann zwar ebenfalls der Parteivereinbarung entzogen, aber nicht „ausschließlich" in dem Sinne sein, daß die Gerichte eines einzigen Staates zuständig sind, und das berücksichtigt zum Teil schon das geltende Recht (§ 606 Abs. 2 ZPO).

b) Aufenthaltsstaat

Einklang zwischen internationaler Zuständigkeit und anwendbarem Recht herrscht in den Staaten, die internationalprivatrechtlich auf den Wohnsitz abstellen, und in den wenigen Staaten, die internationalprivatrechtlich an das Heimatrecht anknüpfen und zugleich ausschließliche internationale Zuständigkeit für ihre eigenen Staatsangehörigen fordern (vgl. Schwenn unten S. 143 f.). Für Deutschland sind beide Wege nicht gangbar. Es ist vielmehr davon auszugehen, daß für die Auswahl des anwendbaren Rechts *andere Interessen* maßgebend sind als für die internationale Zuständigkeit.

Wenn im deutschen internationalen Eherecht das anwendbare Recht weithin durch die *Staatsangehörigkeit* der Eheleute bestimmt wird, so deswegen, weil sie mit dem Recht ihres Heimatstaates eng verbunden sind, auch wenn sie in der Fremde leben. Dagegen muß die internationale Zuständigkeit so gewählt werden, daß die Eheleute möglichst leicht zu ihrem Recht kommen.

Das nächste Gericht ist das beste. Wer gezwungen ist, im Ausland sein Recht zu suchen, dem wird vielfach das Recht verweigert. Der fremde Staat mag seine eigene internationale Zuständigkeit leugnen und, auch wenn er sie bejaht, kann es einer Partei aus vielen Gründen unmöglich sein, vor den Gerichten des fremden Staats Recht zu nehmen. Eine Reise ins Ausland, möglicherweise in andere Kontinente, kann die Mittel einer Partei überschreiten. Die körperlichen Kräfte, die geistige Beweglichkeit können nicht ausreichen. Es kann unmöglich sein, sich für längere Zeit vom Wohnsitz zu lösen; man denke z. B. an Frauen mit Kindern. Die Devisen können verweigert werden. Der Reiseverkehr kann durch Krieg oder kalten Krieg unterbrochen sein. So kann zwar das IPR sich das Staatsangehörigkeitsprinzip leisten, aber das internationale Prozeßrecht muß für die internationale Zuständigkeit vom *Domizil* ausgehen, allerdings nicht vom Wohnsitz im technischen Sinne, sondern entsprechend der neueren Auffassung vom *gewöhnlichen Aufenthalt* und mangels eines solchen vom *schlichten Aufenthalt.*

Haben die Eheleute *im selben Staat* ihren gewöhnlichen oder hilfsweise schlichten Aufenthalt, so entsteht kein Problem: die Gerichte dieses Staates sind international zuständig. § 606 Abs. 1 ZPO berücksichtigt schlichten Aufenthalt nicht (und hilft nur Deutschen mit der Zuständigkeit des LG Berlin); dies scheint mir nicht richtig.

§ 606 Abs. 1 Satz 1 ZPO fordert weiterhin *gemeinsamen* (gegenwärtigen oder letzten) gewöhnlichen Aufenthalt der Eheleute. Gemeinsamer gegenwärtiger und hilfsweise letzter gewöhnlicher (oder schlichter) Aufenthalt sind wichtig für das *anwendbare Recht;* denn man braucht nicht die Heimatrechte der Eheleute zurückzusetzen gegenüber dem Recht eines Staates, in dem sie nur getrennt leben oder gelebt haben, in dem sie also keine „Ehe" führen oder geführt haben. Gemeinsamer gegenwärtiger und hilfsweise letzter gewöhnlicher (oder schlichter) Aufenthalt mag auch maßgebend sein für die *örtliche Zuständigkeit,* insbesondere wegen der Nähe des Gerichts zu den Beweismitteln; hinsichtlich der örtlichen Zuständigkeit mag also gegen das Erfordernis der Gemeinsamkeit des gegenwärtigen oder letzten gemeinsamen Aufenthalts nach § 606 Abs. 1 Satz 1 ZPO nichts einzuwenden sein. Anders jedoch hinsichtlich der *internationalen Zuständigkeit.* Denn wegen der großen Schwierigkeiten, vor ausländischen Gerichten zu prozessieren, muß es genügen, wenn beide Eheleute *im selben Staat* gewöhnlichen oder mangels eines solchen schlichten Aufenthalt haben, auch wenn sie nicht zusammenleben.

Es empfiehlt sich nicht, einen gewöhnlichen, hilfsweise schlichten Aufenthalt von *bestimmter Dauer* zu fordern (was Schwenn IBA S. 117, 120f. für eine internationale Vereinheitlichung vorschlägt).

Die Hauptschwierigkeit entsteht erst, wenn die Eheleute ihren gewöhnlichen oder schlichten Aufenthalt *in verschiedenen Staaten* haben.

Hier sollten die Gerichte *beider Staaten* international zuständig sein (Schwenn unten S. 148f.). Daß der Kläger dem Forum des Beklagten folgen darf, ist selbstverständlich. Manche bleiben dabei stehen. So Bulgarien und Dänemark (Schwenn IBA S. 112) und grundsätzlich das Haager Ehescheidungsabkommen Art. 5 Abs. 1 Nr. 2. Aber der Kläger sollte auch in seinem Forum klagen dürfen. Denn wegen der erwähnten Schwierigkeiten, im Ausland zu klagen, wird ihm sonst häufig der Rechtsschutz verweigert. Allerdings ist es für den Beklagten genauso schwierig, seine Rechte im Forum des Klägers zu wahren. Man muß eben leider wählen. Dabei sollte m. E. den Ausschlag geben, daß internationale Mischehen (hier: Aufenthalt in verschiedenen Staaten) besonders gefährdet sind und daher Großzügigkeit bei der Scheidung oder Trennung am Platze ist (vgl. schon oben S. 107). § 606 ZPO (Abs. 1 Satz 2 mit Abs. 2) trägt dem auch Rechnung, wenn der Kläger (Mann oder Frau) in Deutschland gewöhnlichen Aufenthalt hat, während er mit Unrecht, wenn die Frau im Ausland, der Mann in Deutschland lebt, die internationale Zuständigkeit der ausländischen Gerichte leugnet (in dem Fall, daß beide Eheleute in verschiedenen ausländischen Staaten wohnen, wird internationale Zuständigkeit der Gerichte beider Staaten meist angenommen: Schwenn IBA S. 112 mit Nachw. in Anm. 61). Der *österreichische Entwurf* läßt Inlandsaufenthalt eines Ehegatten grundsätzlich genügen (Abs. II der Gerichtsbarkeitsvorschrift); doch weiß man noch nicht, ob diese Kollisionsnorm allseitig ist (vgl. Begründung der 1. Fassung S. 21). In der interlokalen Praxis der USA kann jeder Ehegatte in seinem Wohnsitz auf Scheidung klagen (Schwenn IBA S. 111 f.); ebenso entscheiden die Niederlande und die Schweiz (Schwenn IBA S. 112). Auch rein praktische Erwägungen sprechen dafür, das Forum des Klägers genügen zu lassen. Denn die Gerichte werden immer dazu neigen, den Kläger, der ihnen das Unrecht des im fernen Ausland lebenden Beklagten vor„klagt", zum Prozeß zuzulassen.

Allerdings sind noch *Einschränkungen* zu überlegen.

Man könnte insbesondere wie § 606 Abs. 1 Satz 1 ZPO und zum Teil auch Art. 5 Abs. 1 Nr. 2 des Haager Ehescheidungsabkommens den *letzten gemeinsamen* (und hier wirklich: den gemeinsamen) *gewöhnlichen* (hilfsweise schlichten) *Aufenthalt* vorgehen lassen, wenn ein Ehegatte in diesem Staate seinen gewöhnlichen (oder schlichten) Aufenthalt hat (was das Haager Ehescheidungsabkommen nicht fordert), sei es ununterbrochen, sei es auch mit Unterbrechung (was § 606 Abs. 1 Satz 1 ZPO, der übrigens nur auf letzten *inländischen* gewöhnlichen Aufenthalt achtet, ausreichen läßt). Damit würde der Ehegatte, der jenes Land verlassen hat, in seinem neuen Lande weder klagen noch (praktisch unwichtig) verklagt werden können. Eine solche zwingende Perpetuierung des alten Forum ist jedoch nicht am Platze, weil sie dem Auswanderer in vielen Fällen den Rechtsschutz nimmt. § 606 ZPO hält seinen Gedanken auch nicht durch, indem er in Abs. 1 Satz 2, falls der letzte gemeinsame gewöhnliche Aufenthalt ein ausländischer war, dem im Inland lebenden Ehegatten den Weg zu den deutschen Gerichten öffnet. Was dem Inland recht ist, sollte aber dem Ausland billig sein. Auch das räumt § 606 zum Teil noch ein, nämlich in Abs. 2 zugunsten des ausgewanderten Mannes, nicht aber zugunsten der ausgewanderten Frau.

Kommt demnach ein zwingender Fortbestand des Forums des letzten gemeinsamen gewöhnlichen oder hilfsweise schlichten Aufenthalts (falls einer der Ehegatten dort lebt) allgemein nicht in Betracht, so könnte man ihn doch für den engeren Fall erwägen, daß ein Ehegatte *mit Unrecht*, insbesondere *böswillig*, den anderen verlassen hat und in ein anderes Land gezogen ist (bei böslicher Verlassung oder Wohnsitzverlegung nach Eintritt eines Scheidungs- oder Trennungsgrundes befreit Art. 5 Abs. 1 Nr. 2 des Haager Ehescheidungsabkommens vom Zwang, am Wohnsitz des *Beklagten* zu klagen; ebenso bei böslicher Verlassung Schweden und Finnland [Schwenn IBA S. 112 f.] und bei grundloser Verlassung der Frau durch den Mann England [Schwenn IBA S. 110 f.]). Es ist jedoch nicht ratsam, die internationale Zuständigkeit von einer sachlichen Erörterung der Verhältnisse in der Ehe abhängig zu machen. Man kommt sonst praktisch dazu, die internationale Zuständigkeit des Staates, in dem der Kläger sich aufhält, zu bejahen, wenn sein Scheidungs- oder Trennungsantrag begründet ist, anderenfalls zu verneinen. Für krasse Fälle genügen zum Schutz des verlassenen Ehegatten die allgemeinen Hilfsmittel der prozessualen Gesetzesumgehung (falls der Kläger die internationale Zuständigkeit seines Aufenthaltsstaats erschlichen hat) und des prozessualen ordre public (falls dem Beklagten kein hinreichender Rechtsschutz gewährt worden ist).

Endlich scheint es mir nicht angebracht, für die internationale Zuständigkeit der Gerichte des Staates, in dem der Kläger gewöhnlichen, hilfsweise schlichten Aufenthalt hat, eine gewisse *Dauer* dieses Aufenthalts zu fordern. So aber (nach Schwenn IBA S. 110f.) die gesetzliche Regelung in England (drei Jahre) und Neu-Süd-Wales (ein Jahr). Dafür auch Schwenn IBA S. 120f. (zwei bis drei Jahre). Auch der *österreichische Entwurf* verlangt im Abs. II seiner Gerichtsbarkeitsvorschrift teils dreijährigen, teils sechsmonatigen Inlandsaufenthalt. Gesetzesumgehungen werden jedoch besser im Einzelfall bekämpft.

Die hier vorgeschlagene Regelung, nach der für Scheidungs- und Trennungsklagen konkurrierende internationale Zuständigkeit der Gerichte der Staaten besteht, in denen einer der Ehegatten seinen gewöhnlichen und mangels eines solchen seinen schlichten Aufenthalt hat, schafft auch *Gleichberechtigung von Mann und Frau*. Auf die Fragen, ob § 606 Abs. 1 Satz 2 ZPO gegen den Gleichberechtigungsgrundsatz verstößt (dagegen BGH FamRZ 55, 13 mit Anm. von Bosch = NJW 55, 218), und wie bei Bejahung eines solchen Verstoßes in § 606 Abs. 1 Satz 2, aber auch in § 606 Abs. 2 die Gleichberechtigung durchzuführen ist, braucht daher hier nicht eingegangen zu werden (darüber z. B. Stein-Jonas § 606 Abs. 1; Baumbach-Lauterbach § 606 Vorbem. A und Bem. 3 B, 4).

c) Heimatstaat

Das Aufenthaltsprinzip steht zwar im Vordergrund und ist in Staatsverträgen auch von Heimatrechtsstaaten anerkannt worden (so mit gewissen Einschränkungen im Código Bustamante Art. 52, 53 und im skandinavischen Familienrechtsabkommen von 1931 [Schwenn IBA S. 116]). Aber das hindert nicht, *daneben* die Gerichte des Heimatstaats für international zuständig zu erklären, wie es das Haager Ehescheidungsabkommen in Art. 5 tut (allerdings unter Ausgestaltung der Heimatstaatszuständigkeit als primärer).

In der Tat sollte jedem Ehegatten die Möglichkeit eingeräumt werden, die Gerichte seines Heimatstaats anzurufen, und zwar gleich, ob der andere Ehegatte demselben Staat angehört oder nicht (ebenso will Schwenn unten S. 149f. bei verschiedener Staatsangehörigkeit die internationale Zuständigkeit der Heimatstaaten bejahen; Rechtsvergleichung bei Schwenn IBA S. 113f.). Ebenso sollte jeder Ehegatte die Möglichkeit haben, den anderen Ehegatten vor den Gerichten von dessen Heimatstaat zu verklagen, was freilich praktisch wenig bedeutet. Es ergibt sich demnach konkurrierende internationale Zuständigkeit der Gerichte des oder der Aufenthaltsstaaten und des oder der Heimatstaaten.

§ 606 ZPO (Abs. 1 Satz 2 mit Abs. 2) ist auch hier nicht folgerichtig. Er begründet zwar deutsche internationale Zuständigkeit, wenn auch nur einer der Ehegatten Deutscher ist, aber ausländische internationale Zuständigkeit nur zugunsten des Heimatstaats des Mannes, nicht der Frau. Die Stellung des *österreichischen Entwurfs* ist noch nicht klar, weil ungewiß ist, ob die in Abs. I seiner Gerichtsbarkeitsvorschrift begründete österreichische internationale Zuständigkeit bei österreichischer Staatsangehörigkeit auch nur eines Ehegatten zur allseitigen Kollisionsnorm ausgebaut werden wird (vgl. Begründung der 1. Fassung S. 21).

d) Einschränkungen durch internationales Privatrecht

Das IPR beruht auf dem Gedanken, daß die materiellen Rechte der einzelnen Staaten gleichwertig sind oder daß doch erhebliche Interessen dafür sprechen, in bestimmten Fällen ein im Vergleich mit dem eigenen Recht weniger wertvolles fremdes Recht anzuwenden (Vorrang der „räumlichen" vor der „sachlichen" Gerechtigkeit). Ähnlich beruht die Regelung der internationalen Zuständigkeit auf dem Gedanken, daß die Prozeßrechte der einzelnen Staaten und ihre Handhabung gleichwertig sind oder daß doch gewichtige Gründe dafür streiten, sich in bestimmten Fällen mit einem geringerwertigen ausländischen Verfahren zu begnügen. Aber die Lage ist bei der internationalen Zuständigkeit doch etwas schwieriger und zwar nach zwei Richtungen hin.

aa) Nichtanerkennung ausländischer Urteile in Deutschland

Die eine Schwierigkeit liegt in folgendem. Da das IPR nicht „international", sondern von Staat zu Staat verschieden ist, kommen die ausländischen Gerichte nicht nur in einem anderen, vielleicht geringerwertigen Verfahren zu ihrer Entscheidung, sondern entscheiden vielleicht auch nach anderem Recht. Man wird also möglicherweise mit Rücksicht auf das *deutsche IPR* die Anerkennung ausländischer Urteile einschränken. Davon wird bei der Anerkennung ausländischer Urteile die Rede sein. Es handelt sich dann zwar streng genommen nicht um eine

Einschränkung der internationalen Zuständigkeit ausländischer Gerichte, aber doch um etwas Ähnliches.

bb) Nichtanerkennung deutscher Urteile im Ausland

Für die *inländische* internationale Zuständigkeit kann der soeben erwähnte Fall nicht bedeutsam werden, weil die inländischen Gerichte das eigene IPR anwenden. Statt dessen entsteht eine andere Schwierigkeit. Denn das deutsche Urteil kann trotz Anwendung ausländischen Rechts in dem Staat, dessen Recht angewandt ist, keine Gnade finden, weil das ausländische internationale Prozeßrecht die Anerkennung verbietet, z. B. weil nach ihm die deutschen Gerichte nicht international zuständig waren oder bestimmte Verfahrensregeln nicht befolgt worden sind. Unter Umständen kann auch das ausländische IPR der Anerkennung des deutschen Scheidungsurteils entgegenstehen, z. B. wenn wegen unterschiedlicher Behandlung der Rückverweisung in beiden Staaten („Abbrechen") im Ergebnis anders entschieden wird. Solche Nichtanerkennung des deutschen Urteils kann wiederum nach *deutschem IPR* zum Ausschluß der deutschen internationalen Zuständigkeit führen. Denn da das deutsche IPR Übereinstimmung mit dem von ihm berufenen ausländischen Recht erstrebt und bei Gestaltungsakten der Vollzug, auch wenn er durch Urteil erfolgt, als Teil des materiellrechtlichen Vorgangs betrachtet werden kann, ist eben mangels Anerkennung eines deutschen Urteils der deutsche Prozeß nicht hinreichend, eine deutsche internationale Zuständigkeit daher möglicherweise abzulehnen.

Bekanntlich hat das deutsche Recht diesem Gedanken in § 606 Abs. 3 Nr. 1 ZPO für den Fall nachgegeben, daß beide Ehegatten Ausländer sind (Anerkennung durch den Heimatstaat des Mannes nötig; Gleichberechtigung wegen Art. 17 EGBGB ohne Einfluß). Ebenso der *österreichische Entwurf* in II Nr. 3 der Gerichtsbarkeitsvorschrift (Anerkennung durch den Heimatstaat eines Ehegatten ausreichend). Vom Heimatstaat beanspruchte ausschließliche internationale Zuständigkeit beachtet auch Art. 5 Abs. 2 Nr. 2 des Haager Ehescheidungsabkommens. Auch Schwenn unten S. 142–145 empfiehlt solche Beachtung bei einer Reform des internationalen Eherechts.

Gleichwohl sprechen gegen solche Regelung starke rechtspolitische Bedenken.

Gewährung von Rechtsschutz im eigenen Lande für Leute, die hier leben, ist erheblich wichtiger als Entscheidungseinklang mit einem fremden Staat, mag auch dessen Recht anzuwenden sein. Ohnehin läßt sich nur mit einem einzigen Staat Entscheidungseinklang mit Sicherheit erreichen.

§ 606 Abs. 3 Nr. 1 ZPO stellt auf das Heimatrecht des Mannes ab, weil dieses nach Art. 17 Abs. 1 EGBGB maßgebend ist. Ändert man, wie hier (oben S. 106–109) vorgeschlagen, das IPR der Scheidung (und Trennung) dahin, daß dem Heimatrecht des Mannes seine beherrschende Stellung genommen wird, indem es bei verschiedener Staatsangehörigkeit der Eheleute entweder überhaupt nicht oder nur neben dem Heimatrecht der Frau zum Zuge kommt, so verschiebt sich die ganze Lage. Soll man auf die Heimatrechte des Mannes *und* der Frau abstellen und damit die internationale Zuständigkeit der deutschen Gerichte doppelt beschränken, obwohl man vielleicht nicht diese, sondern das Recht des gemeinsamen oder letzten gemeinsamen Aufenthalts anwendet? Oder soll man stets auf die Anerkennung des deutschen Urteils durch den Staat des anwendbaren Rechts achten, z. B. auch dann, wenn dies nur der Staat eines letzten gemeinsamen Aufenthalts ist?

Aber auch schon vom Boden des geltenden Rechts ist die Bindung der deutschen internationalen Zuständigkeit an die Anerkennung des Urteils durch den Heimatstaat des Mannes nicht zu billigen, weil sie, wie dargelegt (oben S. 130 a. E.), in vielen Fällen zur *Rechtsverweigerung* führt und dieses üble Ergebnis obendrein nur erreicht werden kann, indem man der Praxis stets die oft überaus mühselige, langwierige und kostspielige Prüfung der Einstellung des Heimatstaats des Mannes zur Anerkennung deutscher Scheidungsurteile aufbürdet.

Auch rein theoretisch gesehen, ist es nicht notwendig, den Scheidungsvollzug durch Gestaltungsurteil dem anwendbaren materiellen Recht zu unterstellen. Das internationale Prozeßrecht beruht auf dem Gedanken, daß der ausländische Prozeß dem inländischen gleichwertig ist. Das heißt aber auch, daß der inländische Prozeß dem ausländischen gleichwertig ist. Soweit ein ausländisches Recht Scheidung durch Gestaltungsurteil verlangt, ist daher, selbst wenn internationalprivatrechtlich sein Scheidungsrecht anzuwenden ist, der ausländische Prozeß durch den inländischen ersetzbar, und, ob er zu ersetzen ist, bestimmt das internationale Prozeßrecht, nicht mehr das internationale Privatrecht. Die Bindung der inländischen internationalen Zuständigkeit an die Anerkennung des Urteils durch den Staat, dessen Recht anwendbar ist, engt das internationale Prozeßrecht über die gewöhnliche Grenzlinie hinaus zugunsten des IPR ein. Kann also vom ausländischen materiellen Recht der inländische Prozeß nicht unterbunden werden, so ist andererseits der inländische Prozeß nicht an die materiellrechtlichen Aufgaben gebunden, die ihm bei Anwendung inländischen materiellen Rechts zufallen. Daher kann, wie oben S. 118 f. vertreten, der inländische Scheidungsprozeß auch dann durchgeführt werden, wenn nach dem anwendbaren ausländischen materiellen Recht die Scheidung überhaupt nicht durch Gestaltungsakt (sondern rechtsgeschäftlich) oder nicht allein durch Gestaltungsakt (sondern durch zusätzliche Eintragung ins Personenstandsregister) erfolgt.

Nach alledem sollte eine Reform der internationalen Zuständigkeit in Scheidungs-(und Trennungs-)Sachen nicht darauf achten, ob das deutsche Urteil von bestimmten ausländischen Staaten anerkannt wird.

e) Gesetzesvorschlag

Die bisherigen Ergebnisse können wie folgt gesetzlich formuliert werden:

§ . . . . . *(Internationale Zuständigkeit)*
Für Klagen auf Scheidung, Trennung von Tisch und Bett . . . (Aufhebung, Anfechtung oder Nichtigerklärung einer Ehe, Feststellung des Bestehens oder Nichtbestehens einer Ehe zwischen den Parteien und Herstellung des ehelichen Lebens [Ehesachen]) . . . sind die deutschen Gerichte international zuständig, wenn ein Ehegatte seinen gewöhnlichen Aufenthalt oder mangels eines solchen seinen Aufenthalt in Deutschland hat oder Deutscher ist.

Der Vorschlag ist als einseitige Kollisionsnorm gefaßt, obwohl er als allseitige gemeint ist. Denn manche stoßen sich daran, daß Deutschland ausländische Gerichte für zuständig oder unzuständig erklärt. Sicherlich ist dieses Bedenken nicht gerechtfertigt. Denn es wird ausländischen Gerichten nichts vorgeschrieben, sondern nur (zu einem Teil) geregelt, wann der ausländische Rechtsstreit in Deutschland Rechtshängigkeit begründet und wann das ausländische Urteil in Deutschland anerkannt wird. Persönlich würde ich eine allseitige Formulierung zur Verhütung von Mißverständnissen bei der Rechtsanwendung vorziehen. Dann müßte der Schluß lauten:

„. . . sind die Gerichte jedes Staates international zuständig, in dem ein Ehegatte seinen gewöhnlichen Aufenthalt oder mangels eines solchen seinen Aufenthalt hat oder dem er angehört."

Für Mehrstaater bliebe es bei den üblichen Regeln.

Der *österreichische Entwurf* führt in Abs. I seiner Gerichtsbarkeitsvorschrift neben den „Klagen auf Scheidung, Aufhebung oder Nichtigerklärung sowie auf Feststellung des Bestehens oder Nichtbestehens einer Ehe zwischen den Parteien" noch auf „damit verbundene vermögensrechtliche Klagen aus dem Eheverhältnis, sowie Klagen wegen nicht rein vermögensrechtlicher Streitigkeiten aus dem Eheverhältnis". Mit den letzteren sind offenbar die Herstellungsklagen gemeint. Was verbundene vermögensrechtliche Klagen anlangt, so kommen im Rahmen der Scheidung oder Trennung wohl nur *Unterhaltsklagen* in Betracht. Da sie nach § 615, 633 ZPO mit Ehesachen nicht verbunden werden können (was man bedauern mag), erübrigt sich ihre Einbeziehung in die oben vorgeschlagene Bestimmung über die internationale Zuständigkeit in Scheidungs- und Trennungssachen.

Ein Hinweis auf die *einstweiligen Maßnahmen* der §§ 627, 627 b ZPO ist, wie in § 606 ZPO, weggelassen, weil die internationale Zuständigkeit hierzu aus der internationalen Zuständigkeit in der Hauptsache folgt.

3. Anerkennung ausländischer Urteile

Die *Voraussetzungen* der Anerkennung ausländischer Urteile regeln §§ 328, 606 Abs. 2 ZPO. Das *Verfahren* der Anerkennung regelt § 24 der 4. DVO EheG vom 25. 10. 1941 (RGBl. I, 624), dem im wesentlichen gleichlautend entsprechen in der BritZ § 28 AVO EheG vom 12. 7. 1948 (VOBl. 210) und in West-Berlin Ges. über die Anerkennung ausländischer Entscheidungen in Ehesachen vom 12. 12. 1950 (VOBl. 557), das jedoch auch sachlich abweicht, indem Eintragungen im Familienbuch keine Wirkung haben; für die Bundesrepublik ist außerdem wichtig die Entscheidung der Bundesregierung über die sachliche Zuständigkeit bei Anerkennung ausländischer Urteile in Ehesachen vom 6. 12. 1949 (BGBl. 34).

Im folgenden ist nur von der Anerkennung von *Scheidungs- und Trennungsurteilen* zu sprechen. Ihre Voraussetzungen werden wahrscheinlich weiterhin in § 328 ZPO und nicht in einer besonderen Vorschrift geregelt werden; § 606 Abs. 2 fällt nach der oben vorgeschlagenen Regelung der internationalen Zuständigkeit fort. Wir werden uns daher hinsichtlich der Voraussetzungen der Anerkennung von Scheidungs- und Trennungsurteilen mit § 328 ZPO befassen und unsere Änderungsvorschläge so formulieren, als ob die Vorschrift nur Scheidungs- und Trennungsurteile beträfe. Der Einbau dieser Vorschläge in eine neue Gesamtformulierung des § 328 ZPO, mag dieser nun auch für andere als Scheidungs- und Trennungsurteile geändert werden oder nicht, kann zurückstehen.

a) Internationale Zuständigkeit

Nach § 328 Abs. 1 Nr. 1 ZPO erfordert die Urteilsanerkennung internationale Zuständigkeit des ausländischen Gerichts. Daran ist sicherlich festzuhalten. Von der Neuregelung der internationalen Zuständigkeit in Scheidungs- und Trennungssachen war oben 2 S. 124–133 die Rede. Insbesondere ergab sich, daß § 606 Abs. 2 ZPO fortfallen sollte.

b) Rechtsschutz des Beklagten

§ 328 Abs. 1 Nr. 2 ZPO verlangt für die Anerkennung, daß dem unterlegenen deutschen Beklagten die Ladung in Person oder durch deutsche Rechtshilfe zugestellt worden ist. Man kann sich zunächst fragen, ob diese Norm in der ordre-public-Klausel der Nr. 4 aufgehen sollte. Da indessen Generalklauseln die Tendenz zur Ausspezialisierung von Sonderregeln besitzen, sollte man an der bereits fixierten Sondernorm für den Rechtsschutz des Beklagten festhalten. Nur dürfte es sich empfehlen, sie zur *allseitigen* Kollisionsnorm auszubauen (vgl. auch Schwenn IBA S. 105[23a] mit Entscheidungen bereits de lege lata). Sie müßte dann etwas kürzer lauten:

„2. Wenn der unterlegene Beklagte sich auf den Prozeß nicht eingelassen hat, sofern die den Prozeß einleitende Ladung oder Verfügung ihm weder in dem Staate des Prozeßgerichts in Person noch durch Gewährung von Rechtshilfe zugestellt ist."

c) Anwendung richtigen Rechts

Die Anerkennung scheitert nach § 328 Abs. 1 Nr. 3 u. a., wenn zum Nachteil einer deutschen Partei von Art. 17 EGBGB abgewichen ist. Die hier vorgeschlagene internationalprivatrechtliche Regelung der Scheidung und Trennung führt zum Teil zu anderen Anknüpfungen als Art. 17. Gleichwohl könnte man es bei § 328 Abs. 1 Nr. 3 belassen. Ist aber der rechtspolitische Gedanke dieser Vorschrift richtig, so müßte man sie nicht nur deutschen, sondern sämtlichen Parteien zugutekommen lassen. Dann würde – da dem einen sin Uhl, dem andern sin Nachtigall ist – bei Abweichung von dem nach deutschem IPR maßgebenden Recht die Anerkennung stets zu verweigern sein, außer wenn die Entscheidung nach dem anwendbaren Recht dieselbe wäre wie nach dem angewandten.

Ob man so weit gehen muß, hängt wesentlich von der Regelung der *internationalen Zuständigkeit* ab. Wenn, wie hier (oben S. 125–129) vorgeschlagen, die Gerichte sowohl des Aufenthaltsstaats wie des Heimatstaats jedes Ehegatten international zuständig sind, und wenn man weiter berücksichtigt, daß auch die Anerkennung klageabweisender Urteile in Rede steht (mit der Folge, daß Scheidungs- und Trennungsgründe verfallen), dann würde die Regelung des deutschen IPR ohne rechtliche Nachprüfung großenteils illusorisch. Daher glaube ich, daß bei Scheidungs- und Trennungsurteilen eine rechtliche Nachprüfung nicht vermieden werden kann, so schwer man sich auch zu ihr entschließen wird (dagegen Schwenn IBA S. 121 mit Rechtsvergleichung ebenda und S. 106–108; wie hier insbesondere Frankreich). Allerdings sollte die Nachprüfung möglichst beschränkt werden.

Da im allgemeinen eine rechtliche Nachprüfung unterlassen wird, könnte man erwägen, darauf abzustellen, ob das IPR des Gerichtsstaats mit dem deutschen IPR in casu übereinstimmt, so daß Fehlanwendungen des eigenen IPR durch das erkennende Gericht gleichgültig wären (wie Fehler bei der Anwendung eines materiellen Rechts). Indessen wird wohl doch wie bisher besser geprüft, ob das nach deutschem IPR maßgebende Recht angewandt worden ist.

Auch wenn dies nicht geschehen, aber das Ergebnis in casu dasselbe ist wie nach dem vom deutschen IPR berufenen materiellen Recht, sollte, wie bisher, die Anerkennung nicht verweigert werden. Man sollte aber zum Ausdruck bringen, daß die Überprüfung des ausländischen Urteils an Hand des nach deutschem IPR maßgebenden materiellen Rechts auf den Tatsachen aufbaut, die im Urteil festgestellt sind (a. A. Stein-Jonas § 328 VI). Denn sonst kommt es zu einem neuen Prozeß.

Danach ergäbe sich folgende Regel:

„3. Wenn in dem Urteil von dem Art. ..... (Scheidungs- und Trennungsvorschrift des deutschen IPR) abgewichen ist und die Entscheidung auf Grund der tatsächlichen Feststellungen des Urteils bei Anwendung dieser Vorschrift nicht begründet ist."

d) Ordre public

§ 328 Abs. 1 Nr. 4 ZPO enthält die Vorbehaltsklausel. Ihr Fortbestand ist selbstverständlich. Gegen die Formulierung, die dem Art. 30 EGBGB entspricht, ist allerdings manches einzuwenden. Indessen sind solche Bedenken bei einer etwaigen Reform des Art. 30 EGBGB anzumelden.

e) Gegenseitigkeit

Das in § 328 Abs. 1 Nr. 5 und Abs. 2 aufgestellte Erfordernis der Gegenseitigkeit ist zu streichen. Es ist ganz allgemein abzulehnen (vgl. besonders Süß, Rosenberg-Festschrift 1949, 229 ff.). Bei der hier (oben S. 124–133) vorgeschlagenen Ausweitung der internationalen Zuständigkeit ist es auch nicht zu halten, wenn ein inländischer Gerichtsstand begründet war (wie nach § 328 Abs. 2). Außerdem ist § 328 Abs. 2, soweit er noch Gegenseitigkeit fordert, für Ehesachen durch § 24 Abs. 1 der 4. DVO EheG und durch die entsprechenden (oben S. 133 genannten) Vorschriften in der BritZ und West-Berlin praktisch aufgegeben.

f) Anerkennungsverfahren

An dem durch § 24 der 4. DVO EheG eingeführten und auch in der BritZ und (im wesentlichen) in West-Berlin geltenden Verfahren (vgl.

oben S. 133) etwas zu ändern, besteht m. E. kein Grund (vgl. auch Schwenn unten S. 147 a. E. f.). Wenn danach, von Urteilen des Heimatstaats beider Eheleute abgesehen, der Landesjustizminister zu entscheiden hat, ob die Voraussetzungen der Anerkennung gegeben sind, so entspricht dies einer auf dem schwierigen Felde des internationalen Privat- und Verfahrensrechts m. E. zu begrüßenden Spezialisierungstendenz, die auch in anderen Ländern zu beobachten ist (vgl. Schwenn IBA S. 109 für Österreich und Dänemark [Exequatur durch Justizminister] und für Tschechoslowakei, Schweden, Finnland [Exequatur durch das oberste Gericht]). Auch sollte man mit der neuen Regelung erst Erfahrungen sammeln.

g) Gesetzesvorschlag

§ ..... *(Anerkennung ausländischer Scheidungs- und Trennungsurteile)*

Die Anerkennung des Scheidungs- oder Trennungsurteils eines ausländischen Gerichts ist ausgeschlossen:

1. Wenn die Gerichte des Staates, dem das ausländische Gericht angehört, nach deutschem Recht nicht zuständig sind;
2. Wenn der unterlegene Beklagte sich auf den Prozeß nicht eingelassen hat, sofern die den Prozeß einleitende Ladung oder Verfügung ihm weder in dem Staate des Prozeßgerichts in Person noch durch Gewährung von Rechtshilfe zugestellt ist;
3. Wenn in dem Urteil von dem Art. ..... (Scheidungs- und Trennungsvorschrift des deutschen IPR) abgewichen ist und die Entscheidung auf Grund der tatsächlichen Feststellungen des Urteils bei Anwendung dieser Vorschrift nicht begründet ist;
4. Wenn die Anerkennung des Urteils gegen die guten Sitten oder gegen den Zweck eines deutschen Gesetzes verstoßen würde.

Anhang: Zusammenstellung der Gesetzesvorschläge

1. Internationales Privatrecht

a) Geschlossene Regelung der Scheidung

Art. ..... *(Scheidung, Trennung von Tisch und Bett)*

I. Für die Scheidung und für die Trennung von Tisch und Bett ist maßgebend das Recht des Staates, dem beide Ehegatten angehören.
II. Gehören die Ehegatten verschiedenen Staaten an, so ist maßgebend das Recht des Staates, dem beide Ehegatten während der Ehe zuletzt angehört haben, falls einer der Ehegatten diesem Staate noch immer angehört.
III. In anderen als den Fällen der Absätze 1 und 2 ist maßgebend das Recht des Staates, in dem beide Ehegatten ihren gemeinsamen gewöhnlichen Aufenthalt oder mangels eines solchen ihren gemeinsamen Aufenthalt haben.
IV. In anderen als den Fällen der Absätze 1 bis 3 ist maßgebend das Recht

des Staates, in dem beide Ehegatten ihren letzten gemeinsamen gewöhnlichen Aufenthalt oder, falls ein solcher nie bestanden oder aufgehört hat, ihren letzten gemeinsamen Aufenthalt gehabt haben, falls einer der Ehegatten in diesem Staate noch immer gewöhnlichen Aufenthalt oder Aufenthalt hat.

V. 1. In anderen als den Fällen der Absätze 1 bis 4 sind maßgebend die Rechte der Staaten, denen die Ehegatten angehören; es treten nur diejenigen Nebenfolgen der Scheidung oder der Trennung von Tisch und Bett ein, die nach beiden Rechten begründet sind.

2. Läßt nur das Recht des Staates, dem einer der Ehegatten angehört, die Scheidung der Ehegatten oder ihre Trennung von Tisch und Bett zu, so ist dieses Recht maßgebend.

VI. Eine Tatsache, die sich zu einer Zeit ereignet hat, in der nach den Absätzen 1 bis 5 für die Scheidung oder die Trennung von Tisch und Bett ein anderes Recht maßgebend gewesen wäre, als nach diesen Absätzen maßgebend ist, bildet einen Scheidungs- oder Trennungsgrund nur dann, wenn sie auch nach diesem Recht einen Grund entweder für eine Scheidung der Ehegatten oder für ihre Trennung von Tisch und Bett bildet.

VII. 1. Ist die Scheidung der Ehegatten oder ihre Trennung von Tisch und Bett nach den in den Absätzen 1 und 2 genannten Rechten nicht zulässig, dagegen nach dem Rechte des Staates, dem ein Ehegatte bei Eheschließung angehört hat, zulässig, so ist dieses Recht maßgebend.

2. Ist die Scheidung der Ehegatten und ihre Trennung von Tisch und Bett auch nach dem Recht des Staates zulässig, dem der andere Ehegatte angehört und bei Heirat angehört hat, so ist auch nach dem Recht des anderen Rechtes zu scheiden; es treten nur diejenigen Nebenfolgen der Scheidung oder Trennung von Tisch und Bett ein, die nach beiden Rechten begründet sind.

3. Bei einem staatenlosen Ehegatten tritt an die Stelle des Rechts des Staates, dem er angehört und bei Heirat angehört hat, das Recht des Staates, in dem er seinen gewöhnlichen Aufenthalt oder mangels eines solchen seinen Aufenthalt hat und bei Heirat gehabt hat.

b) Regelung der Scheidung mit Verweisung auf das Recht der persönlichen Ehewirkungen

Art. ..... *(Persönliche Wirkungen der Ehe)*

I. Für die persönlichen Wirkungen der Ehe ist maßgebend das Recht des Staates, dem beide Ehegatten angehören.

II. Gehören die Ehegatten verschiedenen Staaten an, so ist maßgebend das Recht des Staates, dem beide Ehegatten während der Ehe zuletzt angehört haben, falls einer der Ehegatten diesem Staate noch immer angehört.

III. In anderen als den Fällen der Absätze 1 und 2 ist maßgebend das Recht des Staates, in dem beide Ehegatten ihren gemeinsamen gewöhnlichen Aufenthalt oder mangels eines solchen ihren gemeinsamen Aufenthalt haben.

IV. In anderen als den Fällen der Absätze 1 bis 3 ist maßgebend das Recht des Staates, in dem beide Ehegatten ihren letzten gemeinsamen gewöhnlichen Aufenthalt oder, falls ein solcher nie bestanden oder aufgehört hat, ihren letzten gemeinsamen Aufenthalt gehabt haben, falls einer der Ehegatten in diesem Staate noch immer gewöhnlichen Aufenthalt oder Aufenthalt hat.

V. 1. In anderen als den Fällen der Absätze 1 bis 4 sind maßgebend die Rechte der Staaten, denen die Ehegatten angehören.

2. Es treten nur diejenigen Wirkungen ein, die nach beiden Rechten begründet sind.

Art. ..... *(Scheidung, Trennung von Tisch und Bett)*

I. Für die Scheidung und für die Trennung von Tisch und Bett sind maßgebend die in Art. ..... (persönliche Wirkungen der Ehe) Abs. 1 bis Abs. 5 Satz 1 genannten Rechte.

II. Im Falle des Art. ..... (persönliche Wirkungen der Ehe) Abs. 5 Satz 1 treten nur diejenigen Nebenfolgen der Scheidung oder der Trennung von Tisch und Bett ein, die nach beiden Rechten begründet sind. Läßt nur das Recht des Staates, dem einer der Ehegatten angehört, die Scheidung der Eheleute oder ihre Trennung von Tisch und Bett zu, so ist das Recht dieses Staates maßgebend.

III. Eine Tatsache, die sich zu einer Zeit ereignet hat, in der nach den Absätzen 1 und 2 für die Scheidung oder die Trennung von Tisch und Bett ein anderes Recht maßgebend gewesen wäre, als nach diesen Absätzen maßgebend ist, bildet einen Scheidungs- oder Trennungsgrund nur dann, wenn sie auch nach diesem Recht einen Grund entweder für eine Scheidung der Ehegatten oder für ihre Trennung von Tisch und Bett bildet.

IV. 1. Ist die Scheidung der Ehegatten oder ihre Trennung von Tisch und Bett nach den in den Absätzen 1 und 2 genannten Rechten nicht zulässig, dagegen nach dem Rechte des Staates, dem ein Ehegatte angehört und bei Heirat angehört hat, zulässig, so ist dieses Recht maßgebend.

2. Ist die Scheidung der Ehegatten und ihre Trennung von Tisch und Bett auch nach dem Recht des Staates zulässig, dem der andere Ehegatte angehört und bei Heirat angehört hat, so ist auch dieses Recht maßgebend; es treten nur diejenigen Nebenfolgen der Scheidung oder Trennung von Tisch und Bett ein, die nach beiden Rechten begründet sind.

3. Bei einem staatenlosen Ehegatten tritt an die Stelle des Rechtes des Staates, dem er angehört und bei Heirat angehört hat, das Recht des Staates, in dem er seinen gewöhnlichen Aufenthalt oder mangels eines solchen seinen Aufenthalt hat und bei Heirat gehabt hat.

2. Internationales Zivilprozeßrecht

a) Internationale Zuständigkeit

§ ..... *(Internationale Zuständigkeit)*

Für Klagen auf Scheidung, Trennung von Tisch und Bett ... (Aufhebung, Anfechtung oder Nichtigerklärung einer Ehe, Feststellung des Bestehens oder Nichtbestehens einer Ehe zwischen den Parteien und Herstellung des ehelichen Lebens [Ehesachen]) ... sind die deutschen Gerichte international zuständig, wenn ein Ehegatte seinen gewöhnlichen Aufenthalt oder mangels eines solchen seinen Aufenthalt in Deutschland hat oder Deutscher ist.

b) Anerkennung ausländischer Scheidungs- und Trennungsurteile

§ ..... *(Anerkennung ausländischer Scheidungs- und Trennungsurteile)*

Die Anerkennung des Scheidungs- oder Trennungsurteils eines ausländischen Gerichts ist ausgeschlossen:

1. Wenn die Gerichte des Staates, dem das ausländische Gericht angehört, nach deutschem Recht nicht international zuständig sind;
2. Wenn der unterlegene Beklagte sich auf den Prozeß nicht eingelassen hat, sofern die den Prozeß einleitende Ladung oder Verfügung ihm weder in dem Staate des Prozeßgerichts in Person noch durch Gewährung von Rechtshilfe zugestellt ist;
3. Wenn in dem Urteil von dem Art. ..... (Scheidungs- und Trennungsvorschrift des deutschen IPR) abgewichen ist und die Entscheidung auf Grund der tatsächlichen Feststellungen des Urteils bei Anwendung dieser Vorschrift nicht begründet ist;
4. Wenn die Anerkennung des Urteils gegen die guten Sitten oder gegen den Zweck eines deutschen Gesetzes verstoßen würde.

Die Anerkennung ausländischer Entscheidungen in Ehesachen

Von HERMANN SCHWENN, Berlin

(vorgelegt 1955)

Die Voraussetzungen der Anerkennung eines ausländischen Urteils ergeben sich bekanntlich aus § 328 ZPO. Nach der dort getroffenen Regelung hat man zu unterscheiden zwischen den grundsätzlich für alle ausländischen Urteile geltenden Vorschriften der Ziff. 1, 2, 4 und 5 und der nur Urteile bestimmter Art betreffenden Ziff. 3. Die Besonderheit des § 328 Ziff. 3 ZPO besteht dabei darin, daß in den Fällen, auf die diese Bestimmung anzuwenden ist, außer einer Überprüfung des ausländischen Urteils in verfahrensrechtlicher Hinsicht noch eine sachrechtliche Überprüfung stattzufinden hat, und zwar insofern, als es hier jeweils noch darauf ankommt, ob das anzuerkennende Urteil gewissen Vorschriften des deutschen IPR entspricht. Da die Urteile in Ehesachen zu der Gruppe von Entscheidungen gehören, die unter die Sonderregelung des § 328 Ziff. 3 ZPO fallen, muß eine derartige zusätzliche Kontrolle auch bei ihnen vorgenommen werden. Demgemäß wird auch in den folgenden Untersuchungen nacheinander von verfahrensrechtlichen und kollisionsrechtlichen Anerkennungsvoraussetzungen die Rede sein müssen.

A

Die Anerkennung ausländischer Scheidungsurteile

Weitaus die meisten Urteile in Ehesachen sind Scheidungsurteile. Aus diesem Grunde dürfte es angebracht sein, die Scheidungsurteile in den Vordergrund der Betrachtung zu stellen. Ferner sei vorweg bemerkt, daß bei der Behandlung der Scheidungsfälle im einzelnen zunächst unterstellt werden soll, daß die Ehegatten sich in pari condicione befinden, d. h. also dieselbe Staatsangehörigkeit besitzen und auch am selben Orte wohnhaft sind. Diese Fälle bilden nach wie vor die Regel. Es empfiehlt sich daher, mit ihnen zu beginnen.

I. Verfahrensrechtliche Voraussetzungen der Anerkennung

1. Zuständigkeit der ausländischen Gerichte

Was die verfahrensrechtlichen Anerkennungsvoraussetzungen angeht, so nennt § 328 ZPO an erster Stelle die Zuständigkeit des angerufenen Gerichts. Daß an diesem Erfordernis der Anerkennung auch in Zukunft festzuhalten sein wird, steht außer Zweifel. Die Zweifel, die in diesem Zusammenhang auftauchen, betreffen vielmehr ausschließlich die Frage, welches ausländische Gericht man als zuständig anzusehen hat. § 328 selbst sagt hierüber nichts. Die Einstellung des Gesetzgebers ergibt sich indessen aus einer anderen Vorschrift, nämlich aus § 606 ZPO. Danach kann angenommen werden, daß nach dem zur Zeit geltenden deutschen Recht primär nicht die Gerichte des Aufenthaltsstaates, sondern die Gerichte des Heimatstaates der Ehegatten zuständig sind. Die Anrufung der Gerichte des Aufenthaltsstaates ist zwar ebenfalls möglich, jedoch nicht uneingeschränkt. Man muß vielmehr unterscheiden, je nachdem, ob die Parteien deutsche Staatsangehörige oder Ausländer sind. Sind sie Deutsche, und haben sie ihren (gewöhnlichen) Aufenthalt nicht in Deutschland, so stehen ihnen die Gerichte des ausländischen Aufenthaltsstaates (von uns aus gesehen) ohne weiteres zur Verfügung. Denn wie aus § 606 Abs. 2 ZPO hervorgeht, nimmt Deutschland für seine eigenen Staatsangehörigen nicht schlechthin eine ausschließliche Zuständigkeit in Anspruch. Besitzen die Parteien dagegen eine ausländische Staatsangehörigkeit, so kommt es noch darauf an, ob der Heimatstaat der Ehegatten dem im Staate des Aufenthaltsortes ergangenen Urteil sein Placet gibt. In dieser Weise hat der deutsche Gesetzgeber ausdrücklich in den Fällen entschieden, in denen sich der Aufenthalt der ausländischen Ehegatten im Inland befindet (§ 606 Abs. 3 Ziff. 1 ZPO). Auf Grund eines argumentum a maiore ad minus darf man annehmen, daß dasselbe erst recht zu gelten hat, wenn mit der Zuständigkeit der Heimatgerichte die der Gerichte eines ausländischen Aufenthaltsstaates in Wettbewerb tritt[1]. Über das Gesagte hinaus wird man aber weiter wohl noch annehmen dürfen, daß wir die Entscheidung des Heimatstaates nicht bloß in negativer Hinsicht zu respektieren haben, sondern daß wir seiner Zuständigkeitsordnung auch in den Fällen folgen müssen, in denen sie statt der Gerichte des Aufenthaltsstaates (oder neben ihnen) andere Gerichte für zuständig erklärt[2]. Diese Annahme dürfte um so mehr erlaubt sein,

---

[1] *Raape* IPR[4], 301; ders., Staatsangehörigkeitsprinzip und Scheidungsakt, 48; *Palandt-Lauterbach*[14] 6 b cc zu Art. 17; *Schwenn* JZ 1955, 566.

[2] *Schwenn*, a.a.O.

als ja auch deutsche Ehegatten, die ihren gewöhnlichen Aufenthalt nicht im Inland haben, keineswegs nur auf die Gerichte des Aufenthaltsstaates angewiesen sind, sondern ihrerseits die Gerichte eines dritten Staates anrufen könnten, z. B. die Gerichte des Wohnsitzstaates, falls ausnahmsweise einmal Wohnsitz und gewöhnlicher Aufenthaltsort auseinanderfallen sollten.

Soviel über den gegenwärtigen Rechtszustand. Es fragt sich, ob man es hierbei belassen oder eine andere Lösung wählen soll. Als andere Lösungen kommen vor allem in Betracht:

1. alleinige Zuständigkeit der Gerichte des Aufenthaltsstaates;
2. Zuständigkeit sowohl der Gerichte des Heimatstaates als auch der des Aufenthaltsstaates, jedoch mit der Maßgabe, daß beide Zuständigkeiten unabhängig nebeneinander bestehen.

Von diesen beiden Lösungen dürfte die erste von vornherein ausscheiden. Denn, wie auch immer man über die Zuständigkeit der Gerichte des Heimatstaates denken mag, es steht fest, daß wir auf sie nicht verzichten können. Solange es Staaten gibt, die eine Scheidung dem Bande nach entweder überhaupt nicht oder nur unter sehr erschwerten Umständen zulassen, darf man den Ehegatten nicht die Möglichkeit nehmen, ihr Recht vor den Gerichten des Heimatstaates zu suchen. Zu diesem Prinzip bekennen wir uns dort, wo es um unsere eigenen Staatsangehörigen geht. Es besteht kein Anlaß, bei ausländischen Staatsangehörigen kleinlicher zu verfahren (so auch Kegel S. 128 f.).

Ernsthaft in Betracht gezogen werden kann demnach nur die zweite Alternative. Für sie hat sich Kegel ausgesprochen (S. 125–129; ebenso im Prinzip Braga S. 167 f.). Seine Hauptargumente sind praktischer Natur. Maßgebend müsse sein, daß die Parteien möglichst leicht zu ihrem Recht kommen können. Dieses Ziel aber erreiche man am besten, wenn man ihnen die Gerichte des Aufenthaltsstaates ohne Rücksicht auf die Zuständigkeitsregeln des Heimatstaates zur Verfügung stelle.

Daß es für die Eheleute bequemer ist, ihr Recht bei den Gerichten des Aufenthaltsstaates zu suchen, läßt sich nicht bestreiten. Aus diesem Grund sollte auf jeden Fall auch in Zukunft unseren eigenen Staatsangehörigen die Anrufung der Gerichte des Staates, in dem die Ehegatten ihren Aufenthalt haben, gestattet sein. In den Fällen, in denen die Ehegatten Ausländer sind, ist jedoch folgendes zu bedenken:

Wenn man den ausländischen Ehegatten die Anrufung der Gerichte des Aufenthaltsstaates schlechthin, d. h. ohne Rücksicht auf die Zuständigkeitsordnung des Heimatstaates gestattet, so wird damit im Grunde weniger gewonnen, als es zuerst scheinen mag. Dies trifft vor allem für die Fälle zu, an die man in diesem Zusammenhang wohl zuerst denkt, die Fälle nämlich, in denen der Heimatstaat eine Scheidung dem Bande nach nicht kennt. Mit Aussicht auf Erfolg könnte in einem solchen Falle die Klage überhaupt nur in einem Staate des Domizilprinzips erhoben werden. In einem Staate des Staatsangehörigkeitsprinzips würde es nach wie vor nur zu einem klagabweisenden Urteil kommen, allerdings nicht wegen fehlender Zuständigkeit des angerufenen Gerichts, sondern aus sachrechtlichen Gründen, ein Unterschied, der indessen die klagende Partei kaum interessieren dürfte. Was aber das im Domizilstaate ergangene Scheidungsurteil anbetrifft, durch das eine Ehe von Angehörigen scheidungsfeindlicher Staaten geschieden worden ist, so ist darauf hinzuweisen, daß dieses Urteil den Parteien nur dann nützen könnte, wenn man sich damit begnügt, die Anerkennung ausländischer Scheidungsurteile von dem Vorliegen prozessualer Erfordernisse abhängig zu machen. Verlangt man dagegen (wie Kegel S. 134) für die Anerkennung außerdem noch, daß der ausländische Richter das nach deutschem IPR maßgebende Recht angewandt hat, so käme auch hier nur die Anerkennung eines klagabweisenden Urteils in Betracht. Wirklich geholfen würde den Parteien in den genannten Fällen nur, wenn man sich entschlösse, nicht bloß bei der Ermittlung der Zuständigkeit des angerufenen Gerichts, sondern auch in materiellrechtlicher Beziehung die Rücksicht auf die Rechtsordnung des Heimatstaates fallen zu lassen.

Ein praktischer Unterschied zwischen dem jetzt bestehenden Rechtszustand und dem Rechtszustand, der bestehen würde, wenn man der Ansicht von Kegel folgt, würde nach alledem im wesentlichen nur in den Fällen gegeben sein, in denen nach geltendem Recht die Anerkennung eines im ausländischen Aufenthaltsstaate ergangenen Urteils an der Verschiedenheit der Zuständigkeitsordnung des Heimatstaates und der inländischen Zuständigkeitsordnung scheitert. Im einzelnen sind das die Fälle, in denen entweder a) der Heimatstaat für die Scheidung seiner eigenen Angehörigen eine ausschließliche Zuständigkeit in Anspruch nimmt oder aber b) es sich so verhält, daß in der Zuständigkeitsordnung des Heimatstaates statt auf den (gewöhnlichen) Aufenthalt, auf den Wohnsitz oder einen anderen Tatbestand abgestellt wird und dieser Tatbestand sich nicht mit dem des Aufenthalts deckt. Wie die Rechtsvergleichung zeigt, sind jedoch Fälle dieser Art ziemlich selten. Zu a) ist nämlich zu sagen, daß von den europäischen Staaten diesseits des eisernen Vorhangs eine unbedingte ausschließliche Zuständigkeit meines Wissens nur einer, nämlich die Türkei[3], beansprucht, und

[3] *Bergmann* IEKR Bd. I, T. 2, 5.

daß jenseits des eisernen Vorhangs nur Rußland[4] und Polen[5], dazu vielleicht noch Ungarn[6], in dieser Weise vorgehen. Zu b) ergibt sich zwar, daß verhältnismäßig viele ausländische Rechtsordnungen statt der Gerichte des Aufenthaltsstaates die Gerichte des Wohnsitzstaates für zuständig erklären, indessen ist dabei zu berücksichtigen, daß tatsächlich doch in der großen Mehrzahl der Fälle gewöhnlicher Aufenthaltsort i. S. des inländischen Rechts gleich Wohnsitz i. S. der lex patriae sein wird. Zuständigkeitsordnungen, die weder auf den Wohnsitz noch auf den Aufenthaltsort abstellen, kommen kaum vor.

Wenn mithin, bei Lichte betrachtet, die Vorteile der zweiten Alternative (in der von Kegel vertretenen Form) nicht überschätzt werden sollten, so ist nun weiter auf die erheblichen Bedenken hinzuweisen, die sich *gegen* die Annahme dieser Lösung anführen lassen.

Die gewöhnlich in diesem Zusammenhang aufgestellte Behauptung, daß die unbedingte Bejahung der Zuständigkeit der Gerichte des Aufenthaltsstaates verhältnismäßig oft zu hinkenden Scheidungen führen werde, dürfte allerdings durch das eben Gesagte weitgehend entkräftet sein. Die genannten Bedenken sind vielmehr theoretischer Art. Entgegen dem, was von den für diese Lösung eintretenden Autoren angeführt wird, ist nämlich daran festzuhalten, daß das von ihnen empfohlene Verfahren der Ermittlung des zuständigen Gerichts ohne Rücksichtnahme auf die Einstellung des Heimatstaates unvereinbar mit unsern Kollisionsnormen sein würde[7]. Nach dem Wortlaut des Art. 17 Abs. 1 EGBGB (wie auch nach der im Frühjahr von unserer Kommission empfohlenen Neufassung dieser Vorschrift) soll die lex patriae der Ehegatten „für die Scheidung" maßgebend sein. Diese Wendung kann vernünftigerweise nur so verstanden werden, daß das Heimatrecht der Ehegatten nicht bloß die Gründe der Scheidung liefern soll, sondern ferner auch darüber zu befinden hat, in welcher Weise die Ehe aufgelöst wird und welche Voraussetzungen im einzelnen erfüllt sein müssen, damit der die Scheidung herbeiführende – private oder behördliche – Akt Wirksamkeit erlangt. Sieht nun, wie es meistens der Fall ist, das Scheidungsstatut die Auflösung der Ehe durch Entscheidung einer staatlichen Instanz vor, so ergibt sich aus dem Gesagten, daß die *lex patriae auch insoweit maßgebend* sein muß, als es sich darum handelt, welche staatliche Stelle berufen ist, die Scheidung auszusprechen. Dies erscheint uns selbstverständlich, wenn die Eheschei-

[4] Mitteilung des Eidgenössischen Justiz- und Polizei-Departements v. 9. 1. 1947, SchweizJZ 1948, 48.

[5] *Bergmann* IEKR P 1, 9.

[6] § 15 DVO Nr. 22/1952 z. ungar. ZPO v. 1952. Vgl. *Bergmann* IEKR U 2, 8.

[7] Vgl. z. Folgendem vor allem: *Raape*, Staatsangehörigkeitsprinzip und Scheidungsakt, 1943, 30 ff.; ders., IPR[4], 294, 301.

dung im Heimatstaat der Ehegatten selbst erfolgen soll. Richtiger Ansicht nach muß es aber auch in den Fällen gelten, in denen es darum geht, ob die Entscheidungen der Behörden des Heimatstaates durch die der Behörden eines anderen Staates ersetzt werden können. Die entgegengesetzte Auffassung, nach der wir es hier mit einer Frage des Verfahrensrechts zu tun haben und daher die Entscheidung auf Grund der Vorschrift des internationalen *Prozeß*rechts zu treffen sei, ist unrichtig. In Wahrheit handelt es sich um eine Frage materiell-rechtlicher Art, nämlich darum, wie die von unserer Kollisionsnorm für maßgebend erklärten Sachnormen der lex patriae betreffend die Auflösung der Ehe im Einzelfalle zu verstehen sind (vgl. dazu auch Braga unten S. 165 f.). Die Auslegung dieser Vorschriften aber muß – jedenfalls dem Grundsatz nach – einheitlich nach derselben Rechtsordnung erfolgen, gleichgültig, ob die Auslegung der die Ehescheidungsgründe enthaltenden Bestimmungen zur Erörterung steht oder aber die solcher Vorschriften, die entsprechend dem § 41 unseres EheG vorsehen, daß die Scheidung einer Ehe durch „gerichtliches Urteil" erfolgt. Wie wir der ausländischen Sachnorm in dem einen Falle nicht eine Lösung unterstellen können, die vom Heimatrecht abgelehnt wird, so dürfen wir dies auch in dem anderen Falle nicht tun.

Alles in allem bin ich also der Meinung, daß bei einer Reform des internationalen Scheidungsrechts die bisher geltende Regelung, daß bei ausländischen Ehegatten, die außerhalb ihres Heimatstaates geschieden worden sind, die Zuständigkeit des angerufenen Gerichts von der Einstellung des Heimatstaates abhängt, beibehalten werden sollte.

Nach meiner Auffassung aber sollte man bei der zur Zeit geltenden Regelung auch noch in anderer Hinsicht verbleiben. Zu bedenken ist nämlich, daß die im vorstehenden abgelehnte Lösung, nach der die inländischen Bestimmungen über die (kumulative) Zuständigkeit der Gerichte des Aufenthaltsstaates zu einer allseitigen Kollisionsnorm erhoben werden sollen, die Ehegatten in gewisser Weise schlechter stellen würde als das geltende Recht, würde man ihnen damit doch die Möglichkeit nehmen, auch andere Gerichte als die des Aufenthaltsstaates anzurufen. Diese Feststellung ist insbesondere für Ehegatten deutscher Staatsangehörigkeit wichtig. Allerdings ergab sich aus dem auf S. 143 f. Ausgeführten, daß in der Praxis solche Möglichkeiten nicht allzu zahlreich sein werden, praktisch vielmehr im Ausland außer der Zuständigkeit des Aufenthaltsortes nur die des Wohnsitzes in Betracht kommen dürfte, und Wohnsitz und Aufenthaltsort in den meisten Fällen in ein und demselben Staate liegen werden. Warum man aber die Ehegatten ausdrücklich auf die Gerichte des Aufenthaltsstaates festlegen soll, ist nicht einzusehen. Eine positive Aussage des Gesetzgebers erscheint insoweit angebracht, als es sich um die Zuständigkeit des Heimatstaates handelt. Bei Ausländern sollte außerdem noch klargestellt werden, daß wir auch die vom Heimatstaat berufenen Gerichte als zuständig ansehen. Im übrigen aber sollte der Gesetzgeber wie bisher nur negativ sagen, wann die ausländische Zuständigkeit *nicht* gegeben ist. Dabei dürfte daran festzuhalten sein, daß wir eine ausschließliche Zuständigkeit nur in Anspruch nehmen, wenn die Parteien Deutsche sind und ihren gewöhnlichen Aufenthalt im Inland haben.

2. *Weitere prozessuale Voraussetzungen der Anerkennung ausländischer Ehescheidungsurteile*

An weiteren prozessualen Voraussetzungen zählt das Gesetz auf: ausreichenden Rechtsschutz für den beklagten Teil und Beachtung des inländischen (prozessualen) ordre public. Dagegen bestehen wir in Ehesachen nicht mehr auf der Verbürgung der Gegenseitigkeit (so auch Kegel S. 135). Letzteres folgt aus § 328 Abs. 2 i.V.m. § 606 Abs. 2 ZPO und § 24 Abs. 1 der 4. DVO EheG. Daß es sich auch für die Zukunft empfiehlt, von dem Erfordernis des Gegenrechts abzusehen, bedarf wohl keiner besonderen Begründung. Ebenso bedarf es keiner besonderen Begründung, daß wir auf der anderen Seite selbstverständlich nicht auf das Sicherheitsventil des § 328 Abs. 1 Ziff. 4 verzichten können, insbesondere auch nicht im Hinblick auf eine nach unserer Auffassung vielleicht zu liberale ausländische Zuständigkeitsordnung. Reformbedürftig erscheint dagegen § 328 Abs. 1 Ziff. 2 ZPO, der ein Recht auf ordnungsmäßige Ladung und Zustellung nur deutschen Staatsangehörigen gewährt. Diese Vorschrift sollte aus Gründen der Billigkeit zu einer allseitigen ausgestaltet werden. Übrigens verfährt die Praxis bereits z. T. in dieser Weise[8].

II. Kollisionsrechtliche Voraussetzungen der Anerkennung

Nach geltendem Recht ist die Anerkennung eines ausländischen Scheidungs- oder Trennungsurteils schließlich in gewissem Umfange noch davon abhängig, daß der ausländische Richter seiner Entscheidung die Rechtsordnung zugrundegelegt hat, von der auch das inländische Scheidungsgericht hätte ausgehen müssen. In § 328 Abs. 1 Ziff. 3 ZPO ist freilich ausdrücklich nur festgelegt, daß eine Abweichung „zum Nachteil einer deutschen Partei" schaden soll. In Wahrheit aber kann sich für den deutschen Richter die Pflicht zur Vornahme einer kolli-

---

[8] OLG Hamburg JW 1935, 3488; LG Detmold IPRspr. 1930 Nr. 152.

sionsrechtlichen Kontrolle auch bei Urteilen, die ausländische Eheleute betreffen, ergeben. Es folgt dies aus dem Satz, daß bei ausländischen Ehegatten die Anerkennung eines Urteils jeweils noch davon abhängt, ob der Heimatstaat seinerseits anerkennt. Die hierin liegende Verweisung auf die Rechtsordnung des Heimatstaates kann nämlich keineswegs nur auf die Zuständigkeitsvorschriften dieser Rechtsordnung bezogen werden, sondern muß für alle Anerkennungsvoraussetzungen gelten. Im Ergebnis bedeutet dies, daß über § 328 Abs. 1 Ziff. 3 ZPO hinaus eine kollisionsrechtliche Kontrolle auch in den Fällen der Scheidung ausländischer Ehegatten stattfinden muß, vorausgesetzt, a) (selbstverständlich) daß das Scheidungsurteil außerhalb des Heimatstaates der Ehegatten ergangen ist und b) daß die lex patriae eine unserm § 328 Abs. 2 Ziff. 3 ZPO entsprechende Vorschrift enthält.

Bei der Beantwortung der Frage, ob man es auch mit Bezug auf diesen Punkt bei dem gegenwärtigen Rechtszustand belassen oder bei Inländern wie bei Ausländern auf die kollisionsrechtliche Überprüfung des Scheidungsurteils verzichten soll, ist zu unterscheiden:

In den soeben erörterten Fällen der außerhalb ihres Heimatstaates geschiedenen ausländischen Ehegatten, deren Heimatrecht eine kollisionsrechtliche Überprüfung fordert, ist die Verpflichtung zur Vornahme dieser Kontrolle die Folge des in unserer Kollisionsnorm festgelegten Staatsangehörigkeitsprinzips. Man vergleiche dazu nochmals die Ausführungen auf S. 144 f. betreffend die Berücksichtigung der ausländischen Zuständigkeitsordnung. Aus dem dort Gesagten folgt, daß eine Änderung des geltenden Rechts mit Bezug auf die jetzt zur Erörterung stehende Frage im Grunde nur durch eine entsprechende Änderung unseres IPR zu erreichen sein würde. Eine derartige Änderung aber möchte ich hier ebensowenig empfehlen wie bei der Frage nach der Berücksichtigung der ausländischen Zuständigkeitsordnung.

Was dagegen die Fälle der im Ausland geschiedenen Ehegatten deutscher Staatsangehörigkeit angeht, so steht uns die Entscheidung in jeder Hinsicht frei. Von dieser Freiheit aber sollten wir Gebrauch machen, und zwar in dem Sinne, daß wir in den Fällen unserer eigenen Staatsangehörigen kurzerhand von dem Erfordernis der kollisionsrechtlichen Nachprüfung des ausländischen Urteils absehen. Daß dies in der Praxis zu ernsthaften Unzuträglichkeiten führen wird, ist nicht zu befürchten[9].

III. Exequaturverfahren

Das durch § 24 der 4. DVO EheG eingeführte Exequaturverfahren wieder abzuschaffen, besteht kein Anlaß (so auch Kegel S. 135 a. E. f.).

[9] Vgl. dazu auch *Schwenn*, a.a.O., 571.

Vor allem sollte man es auch dabei belassen, daß über die Anerkennung im Exequaturverfahren nicht eine gerichtliche Instanz, sondern die Justizbehörde entscheidet. Fraglich erscheint nur, ob nicht an die Stelle der einzelnen Landesjustizbehörden für das ganze Bundesgebiet der Bundesjustizminister treten sollte. Ich möchte diese Frage bejahen.

IV. Die Sonderfälle der Ehegatten mit verschiedenen Aufenthaltsorten oder verschiedener Staatsangehörigkeit

Von den Fällen, in denen die Ehegatten sich nicht in pari conditione befinden, also entweder nicht am selben Ort wohnhaft sind oder aber nicht dieselbe Staatsangehörigkeit besitzen, macht von dem vorstehend vertretenen Standpunkt aus die Behandlung der ersten Fallgruppe wohl die geringsten Schwierigkeiten.

1. Scheidungen von Ehegatten mit verschiedenen Aufenthaltsorten

Daß auch in diesen Fällen die Gerichte des gemeinsamen Heimatstaates zuständig bleiben müssen, ist klar. Ferner folgt aus den vorstehenden Ausführungen, daß dann, wenn die Parteien Ausländer sind und getrennt wohnen, die Beantwortung der Frage, ob in diesen Fällen etwa sowohl die Gerichte am Aufenthaltsort des beklagten Ehegatten als auch die am Aufenthaltsort des Klägers angerufen werden können, oder ob etwa den Ehegatten nur die Gerichte des letzten gemeinsamen Aufenthalts zur Verfügung stehen, weitgehend wieder von der Stellungnahme der lex patriae abhängt. Sind die Parteien dagegen Deutsche, so liegt die Entscheidung allein bei uns. § 606 ZPO gibt eine Lösung nur für den Fall, daß der deutsche Ehemann seinen gewöhnlichen Aufenthalt im Inland hat und bestimmt, daß in einem solchen Falle die inländische Zuständigkeit eine ausschließliche sein soll. Diese Bestimmung widerspricht dem Grundsatz der Gleichberechtigung und dürfte daher zu verbessern sein. Die Korrektur sollte jedoch nicht in der Weise vorgenommen werden, daß man in § 606 Abs. 2 ZPO die Worte „Besitzt der *Mann* nicht die deutsche Staatsangehörigkeit oder hat er seinen gewöhnlichen Aufenthalt nicht im Inland . . ." ersetzt durch *„Besitzt einer der Ehegatten* nicht die deutsche Staatsangehörigkeit . . .". Richtiger scheint es vielmehr, entsprechend den Vorschlägen unter A I 1, die ausschließliche Zuständigkeit der inländischen Gerichte auf die Fälle zu beschränken, in denen die deutschen Ehegatten beide ihren gewöhnlichen Aufenthalt in Deutschland haben. Im übrigen aber sollte man in diesen Fällen ebensowenig wie dort, wo die Ehegatten nicht getrennt leben, versuchen, sie durch eine positive Stellungnahme des Gesetzgebers auf eine bestimmte Zuständigkeit festzulegen, etwa in der Form, daß (außer den Heimatgerichten) die Gerichte des gewöhnlichen Aufenthaltsortes jedes der beiden Ehegatten für zuständig erklärt werden.

2. Scheidungen von Ehegatten mit verschiedener Staatsangehörigkeit

Die Behandlung der Fälle, in denen die Besonderheit darin besteht, daß die Eheleute verschiedene Staatsangehörigkeiten besitzen, bereitet größere Schwierigkeiten. In diesen Fällen bestehen Zweifel nicht nur, wenn die Scheidung außerhalb des Heimatstaates der Eheleute erfolgt ist, sondern auch schon dann, wenn das Gericht eines der beiden Heimatstaaten entschieden hat. Führt man den dem geltenden Recht zugrundeliegenden Satz des Gleichlaufs von materiellem und prozessualem Recht mit Bezug auf die letztgenannte Fallgruppe konsequent durch, so würde eine unbedingte Zuständigkeit nur für die Gerichte des Heimatstaates des Mannes gegeben sein. Die Anerkennung der im Heimatstaat der Frau ergangenen Urteile würde sich dagegen nicht von selbst verstehen. Denn für die Anerkennung dieser Urteile würde erforderlich sein, daß vom Standpunkt des Heimatstaates des Mannes keine Bedenken gegen die Anerkennung bestehen. Auf die Rechtsordnung des Heimatstaates des Mannes und nicht etwa auf die Rechtsordnungen des Heimatstaates des Mannes *und* der Frau würde es ferner auch in den Fällen ankommen, in denen das Urteil in einem dritten Staate ergangen ist. In dieser Weise hätte man jedenfalls auf Grund der gegenwärtigen Fassung des Art. 17 Abs. 1 EGBGB zu entscheiden. (Von dem Sonderfall des Art. 17 Abs. 3 EGBGB sei abgesehen.) Sollte der im April dieses Jahres erörterte Vorschlag betr. die Reform des Art. 17 EGBGB Gesetz werden, so müßte man wohl, um den genannten Gleichlauf zu erreichen, bei der Anerkennung statt auf den Heimatstaat des Mannes auf den Staat des Scheidungsstatuts Rücksicht nehmen. Dies aber könnte möglicherweise ein Staat sein, dem weder die Frau noch der Mann angehört.

Nun wurde oben bereits angedeutet, daß der Grundsatz des Gleichlaufs von materiellem und prozessualem Recht, so richtig er an sich auch sein mag, doch nicht als Regel ohne Ausnahme zu gelten braucht. Das ist auch der Standpunkt des Gesetzgebers, wie aus der eingehenden Regelung des § 606 Abs. 3 ZPO hervorgeht. Dort wird in einer Reihe von Fällen (im ganzen vier) der Gleichlauf preisgegeben. Im Hinblick auf das Interesse der Gewährung eines inländischen Gerichtsstandes ist diese Inkonsequenz gewiß nicht zu tadeln. Angesichts der Komplikationen, die in den Fällen der staatsbürgerlich gemischten Ehen bei strikter Durchführung des Gleichlaufsgrundsatzes auftreten könnten, dürfte es aber wohl angebracht erscheinen, auch für diese Fälle eine Ausnahmeregelung Platz greifen zu lassen. Das Ergebnis wäre dann, daß hier einmal schlechthin die Gerichte des Heimatstaates jedes der beiden Ehegatten zuständig sein würden, weiter aber auch den Ehegatten die Gerichte dritter Staaten zur Verfügung stehen würden, und zwar ohne daß es auf die Stellungnahme der Heimatstaaten ankäme. Der Klarstellung halber dürfte es ratsam sein, die kumulative Zuständigkeit jedes der beiden Heimatstaaten in der Neufassung des Gesetzes ausdrücklich auszusprechen. Gleichzeitig müßte aber auch irgendwie im Gesetz zum Ausdruck gebracht werden, daß es in den Fällen der staatsbürgerlich gemischten Ehen auf die Einstellung der Heimatstaaten zu einem Urteil, das in einem dritten Staate ergangen ist, nicht ankommen soll.

B

Anerkennung anderer Urteile in Ehesachen

Von den übrigen Urteilen in Ehesachen können die Trennungsurteile ohne weiteres den Scheidungsurteilen gleichgestellt werden (oben S. 124). Eine Gleichstellung mit den Scheidungsurteilen dürfte in der Frage der Anerkennung, ebenso aber auch insoweit angebracht sein, als es sich um Aufhebungs- und Nichtigkeitsurteile handelt sowie um Urteile, in denen das Bestehen oder Nichtbestehen einer Ehe festgestellt wird. Die Ausführungen unter A, betreffend a) die Verbesserung des § 606 Abs. 2, b) die Rücksichtnahme auf die Einstellung des ausländischen Heimatstaates (sofern beide Ehegatten demselben Staate angehören) und c) den Fortfall der kollisionsrechtlichen Nachprüfung, gelten also auch für Urteile dieser Art.

Die Feststellung zu c) ist besonders wichtig für Ehenichtigkeitsurteile. Bei ihnen können gewisse Zweifel auftauchen, die mit der Anwendung des Art. 13 Abs. 3 EGBGB zusammenhängen. Man denke an die Fälle, in denen Ausländer im Inland die Ehe lediglich vor dem Standesbeamten geschlossen haben, obwohl, wie es z. B. in Griechenland der Fall ist, das Heimatrecht der Ehegatten zwingend auch für Auslandsehen kirchliche Eheschließung vorschreibt[10]. Hält man entgegen der in diesem Bericht abgelehnten Ansicht ganz allgemein an dem Erfordernis einer kollisionsrechtlichen Kontrolle fest, so ist die Frage zu stellen, wie wir uns verhalten sollen, wenn eine solche Ehe im Heimatstaat des Ehegatten oder in einem dritten Staate wegen Nichtbeachtung der Form des Heimatrechts für nichtig erklärt worden ist. Soll man in die-

---

[10] *Bergmann* IEKR G 2, 4.

sem Falle wirklich dem Ausland im Anerkennungsverfahren die Ausnahmevorschrift des Art. 13 Abs. 3 EGBGB aufzwingen? Von dem hier vertretenen Standpunkt aus würden diese Schwierigkeiten sich erledigen. Denn danach sollte, wie erinnerlich, eine kollisionsrechtliche Überprüfung bei Inländern überhaupt nicht stattfinden und bei Ausländern immer nur nach Maßgabe des Heimatrechts elbst (vgl. oben S. 147). Auf unser eigenes IPR wäre also in keinem Falle Rücksicht zu nehmen.

C

Bei einer den bisherigen Ausführungen entsprechenden Neuredaktion unserer Anerkennungsvorschriften wird vorweg zu überlegen sein, ob es sich empfiehlt, die Sonderbestimmungen für die Anerkennung von ausländischen Urteilen in Ehesachen zu einem selbständigen Paragraphen zu machen, oder ob sie auch künftig ihren Platz in der allgemeinen Anerkennungsvorschrift des § 328 ZPO haben sollen. Das letztere dürfte wohl vorzuziehen sein. Dabei müßte dann auch der jetzige § 606 Abs. 2 ZPO – in verbesserter Form – in § 328 ZPO eingebaut werden. In Übereinstimmung mit Kegel (S. 133) beschränke ich mich jedoch zunächst darauf, § 328 so zu formulieren, als ob in ihm nur von der Anerkennung ausländischer Urteile in Ehesachen die Rede wäre. Ein Beschluß über eine neue Gesamtformulierung des § 328 würde eine Diskussion der Frage nach der Anerkennung ausländischer Urteile im allgemeinen voraussetzen, wobei insbesondere auch zu untersuchen sein würde, ob etwa die oben empfohlenen Verbesserungen betr. die Ziffern 2, 3 und 5 auch für die Anerkennung von Urteilen anderer Art zu empfehlen sind. Die Beantwortung dieser Fragen aber muß einstweilen zurückstehen.

Danach käme man zu folgendem Vorschlag:

„§ 328 Die Anerkennung des Urteils eines ausländischen Gerichts ist ausgeschlossen:

1. wenn die Gerichte des Staates, dem das ausländische Gericht angehört, nach den deutschen Gesetzen nicht zuständig sind;
2. wenn der unterlegene Beklagte sich auf den Prozeß nicht eingelassen hat, sofern die den Prozeß einleitende Ladung oder Verfügung ihm weder in dem Staate des Prozeßgerichts in Person, noch durch Gewährung von Rechtshilfe zugestellt ist;
3. wenn die Anerkennung des Urteils gegen die guten Sitten oder gegen den Zweck eines deutschen Gesetzes verstoßen würde.

Die inländischen Zuständigkeitsvorschriften stehen der Anerkennung eines ausländischen Urteils nicht entgegen, wenn mindestens einer der Ehegatten Ausländer oder staatenlos ist oder seinen gewöhnlichen Aufenthalt nicht im Inland hat. Die Entscheidung des Gerichts eines ausländischen Staates, dem zur Zeit der Entscheidung mindestens einer der Ehegatten angehört, hat dieselben Wirkungen wie eine inländische Entscheidung, es sei denn, daß die Anerkennung den Vorschriften der Ziff. 2 oder 3 widersprechen würde. Gehören die Ehegatten demselben Staate an, so ist diese Bestimmung auch anzuwenden, wenn die Entscheidung in einem dritten Staate ergangen ist und im Heimatstaat der Ehegatten anerkannt wird."

Zu diesem Vorschlag mögen noch einige erläuternde und vergleichende Hinweise gestattet sein.

Abweichend vom geltenden Recht begnügt sich der Entwurf nicht damit, lediglich die Tatsachen aufzuzählen, die die Anerkennung ausschließen. Er enthält vielmehr auch eine positive Aussage. Allerdings betrifft der positive Teil des Vorschlages nur die Fälle, in denen die Ehegatten Ausländer sind, und auch hier wird eine vollständige Lösung nur für den Fall gegeben, daß die Ehegatten demselben Staate angehören. Für die übrigen Fälle ist die bisherige Redeweise beibehalten. Mit dieser Teils-teils-Lösung unterscheidet der Entwurf sich von den in erster Linie für einen Vergleich in Betracht kommenden Regelungen Finnlands, der Tschechoslowakei und Schwedens. In diesen Staaten hat der Gesetzgeber Formulierungen gewählt (in Schweden ausdrücklich nur für die Ehescheidung und die Ehetrennung), die in der Frage der Anerkennungsvoraussetzungen eine erschöpfende Auskunft geben und demnach allseitige Kollisionsnormen darstellen. (Vgl. §§ 11 und 12 des finn. Ges. vom 5. 12. 1929[11], §§ 641, 642 tschech. ZPO von 1950[12], §§ 4 und 5, 3. Kap. schwed. Ges. vom 8. 7. 1904 i. d. F. vom 10. 6. 1949 Nr. 384[13].) Im einzelnen gilt folgendes: In Ehesachen von Ausländern, die demselben Staate angehören, stimmen die Regelungen Finnlands, der Tschechoslowakei und Schwedens mit der des Entwurfs zunächst einmal insoweit überein, als es sich um die im Heimatstaat der Ehegatten ergangenen Urteile handelt. In den Fällen, in denen das Gericht eines dritten Staates entschieden hat, besteht Übereinstimmung jedenfalls mit dem finnischen und tschechoslowakischen Recht (§§ 11 Abs. 2 finn. Ges. vom 5. 12. 1929; § 641 Abs. 2 tschech. ZPO). Das schwedische Recht ist in dieser Hinsicht nicht ganz klar, dürfte aber wohl ebenso zu verstehen sein. (Vgl. § 5 Abs. 1 a i. V. m. § 1 a.a.O. einerseits und § 5 Abs. 2 a.a.O. andererseits.) Für die im Entwurf nicht durch eine allseitige Kollisionsnorm geregelten Ehesachen von Inländern sieht das finnische, tschechoslowakische und schwedische Recht vor, daß in diesen Fällen die Bestimmungen über die inländische Zuständigkeit entsprechend anzuwenden sind (§ 12 Abs. 2 i. V. m. § 8 finn. Ges. vom 5. 12. 1929; § 642 i. V. m. § 637 tschech. ZPO; § 5 Abs. 1 a

[11] *Bergmann* IEKR F 2, 7. [12] Ebda. T 1, 7. [13] Ebda. S 2, 9.

schwed. Ges. vom 8. 7. 1904). Im tschechoslowakischen Recht findet sich ferner noch eine Parallelvorschrift zu § 606 Abs. 2 = Abs. 2 Satz 1 des Entwurfs. In § 642 Abs. 1 Satz 2 tschech. ZPO heißt es nämlich, daß dann, wenn von den Ehegatten keiner tschechoslowakischer Staatsangehöriger war oder seinen Wohnsitz (gewöhnlichen Aufenthaltsort) auf dem Gebiet der tschechoslowakischen Republik hatte, die Zuständigkeit eines inländischen Gerichts selbst, wenn es sich um eine ausschließliche Zuständigkeit handelt, kein Hindernis für die Anerkennung sein soll. Diese Vorschrift ist wesentlich strenger als die des Entwurfs, nach der die ausschließliche Zuständigkeit des Inlandes für die Ehescheidungen von deutschen Staatsangehörigen auf die Fälle beschränkt wird, in denen beide Ehegatten im Inland ihren gewöhnlichen Aufenthalt haben.

Was die staatsbürgerlich gemischten Ehen angeht, so werden in den einschlägigen Vorschriften Finnlands und der Tschechoslowakei abweichend vom Entwurf die Fälle, in denen das Urteil in einem Staate ergangen ist, dem immerhin einer der Ehegatten angehört, und die Fälle, in denen ein Gericht eines anderen Staates entschieden hat, gemeinsam behandelt, und zwar in der Weise, daß hier wie dort das Urteil im Inland anzuerkennen ist, wenn es im Heimatstaat jedes der beiden Ehegatten anerkannt wird (§ 11 Abs. 2 finn. Ges. vom 5. 12. 1929; § 641 Abs. 2 tschech. ZPO). In Schweden wird angeblich unterschieden, je nachdem, ob die Ehegatten früher eine gemeinsame Staatsangehörigkeit besessen haben oder nicht. Trifft das erstere zu, so haben die im früheren gemeinsamen Heimatstaat ergangenen Urteile „unbedingte" Wirksamkeit. Im anderen Falle sollen „unbedingte" Wirksamkeit nur die Urteile der Gerichte des Heimatstaates des Mannes haben [14].

---

[14] Vgl. *Michaeli*, Internationales Privatrecht gemäß schwedischem Recht und schwedischer Rechtsprechung, 1948, 176.

Zur Reform des internationalen Eheschließungs- und Ehescheidungsrechts (Gegenentwurf)

Von SEVOLD BRAGA, Saarbrücken

(vorgelegt 1955)

I. Problemstellung

Die Neugestaltung des Eheschließungs- und Ehescheidungsrechts im IPR, mit der sich die 2. Kommission des Deutschen Rates für IPR gegenwärtig befaßt, wirft eine m. E. zentrale Frage auf: Wie sollen die dem Gesetzgeber vorzuschlagenden Kollisionsnormen angesichts der anzustrebenden Internationalisierung (Vereinheitlichung) des IPR gestaltet werden? Es handelt sich ja um eine Aufgabe, die nicht nur einer evtl. internationalen (z. B. der Haager) Konferenz vorbehalten ist, sondern sie betrifft jeden nationalen Gesetzgeber unmittelbar. Das Institut de Droit International hat in seinem Beschluß auf der 45. Tagung in Siena (April 1952) dem nationalen Gesetzgeber empfohlen, nur solche Kollisionsnormen zu erlassen, die einer Internationalisierung fähig sind. Die Resolution lautet:

„Les règles du droit international privé doivent, en général, utiliser des critères susceptibles d'internationalisation, c'est-à-dire, notamment, susceptibles d'être adoptés dans des conventions internationales de manière à éviter des solutions discordantes d'un même cas concret dans des pays différents.“ [1]

Die besondere Bedeutung dieser Empfehlung ist klar. Wenn die nationalen Gesetzgeber bestrebt wären, internationalisierungsfähige Kollisionsnormen zu erlassen, so würde damit die Vereinheitlichung des IPR vorbereitet und wesentlich erleichtert. Eine Konferenz zur Vereinheitlichung des IPR hätte dadurch mit keinen ernsten Schwierigkeiten mehr zu rechnen.

Welchen Inhalt muß aber eine internationalisierbare Kollisionsnorm

---

[1] Vgl. Annuaire 44 II, 473, und „Die Friedenswarte“ 51 (1951/53), 172. Auf der Plenarsitzung des Deutschen Rates für IPR im Juli 1954 hat *Makarov* auf diese Resolution nachdrücklich hingewiesen (RabelsZ 19, 597 f.).

(hier auf dem Gebiete des Eheschließungs- und Ehescheidungsrechts) haben? Das ist die große Frage, auf die das Institut de Droit International unmittelbar keine Antwort gibt. Die Schwierigkeiten, die hier auftauchen, sind nicht zu übersehen. Man denke nur an die drei Systeme, die auf dem Gebiete des Eheschließungs- und Ehescheidungsrechts bestehen: lex patriae, lex domicilii und lex loci actus (bzw. lex fori)[2].

Man denke ferner an die Unterscheidung zwischen der Form und den materiellrechtlichen Voraussetzungen der Eheschließung sowie zwischen dem materiellen Scheidungsrecht und Scheidungsverfahren. Die Grenzen zwischen diesen Bereichen werden bekanntlich nicht in allen Rechtsordnungen einheitlich gezogen (Qualifikationsproblem!). Ist eines dieser Systeme überhaupt internationalisierbar und welches? Jeder nationale Gesetzgeber wird ja naturgemäß von dem bisher vertretenen Standpunkt als dem richtigen ausgehen. Welches System und welche Qualifikation ist aber, international gesehen, richtig?

Den Haager Abkommen über die Eheschließung und Ehescheidung von 1902 lag das Staatsangehörigkeitsprinzip zugrunde. Jedoch nicht zuletzt wegen des Staatsangehörigkeitsprinzips haben diese Abkommen sich im Laufe der Zeit als unbrauchbar erwiesen; jedenfalls gelten sie heute nur zwischen sehr wenigen Staaten[3].

Von vornherein waren die Länder des Domizilprinzips an diesen Abkommen nicht beteiligt. Auch eine wahlweise Anknüpfung an den Wohnsitz und an die Staatsangehörigkeit, etwa nach dem Muster des Código Bustamante von 1928, würde keine echte Lösung bedeuten und keine Vereinheitlichungsmöglichkeiten bieten. Für den nationalen Gesetzgeber scheidet dieser Weg überhaupt aus. Ebensowenig kann hier die Anerkennung der Rück- und Weiterverweisung eine befriedigende Abhilfe schaffen[4].

Es liegt ein Gedanke nahe, und er scheint sich durch die Erfahrungen der letzten Jahrzehnte zu bestätigen, nämlich daß gerade auf dem Gebiete des Eheschließungs- und Ehescheidungsrechts weder das Staatsangehörigkeits- noch das Wohnsitz*prinzip* „international" richtig sind. Doch darüber später.

Es stellt sich in diesem Zusammenhang noch eine weitere Frage: Kann eine Kollisionsnorm auf dem Gebiete des Eheschließungs- und

---

[2] Vgl. die Übersicht bei Rabel I, 199 ff. und 385 ff., insbes. 242, 288 und 458.

[3] Wenn die deutsche Bundesrepublik gegenwärtig bemüht ist, die Wiederanwendung der Haager Abkommen gegenüber möglichst vielen Staaten herbeizuführen, so beruht dies auf dem Bestreben, die internationalen Beziehungen wieder zu normalisieren und nicht auf dem inneren Gehalt dieser Abkommen.

[4] Vgl. *Braga*, Staatsangehörigkeits- oder Wohnsitzprinzip?, 1954, 51 f. und die dort Fußnote 94 und 95 zitierte Literatur.

Ehescheidungsrechts „international" richtig sein? Kann das IPR in diesen Bereichen überhaupt vereinheitlicht werden? Ich glaube, daß die Frage mit allem Nachdruck bejaht werden muß. Im Gegensatz zu den bodenständigen, national stark gefärbten Sachnormen, die sich nicht ohne weiteres internationalisieren lassen, stellt sich die internationalprivatrechtliche Frage nach dem anzuwendenden Recht unter denselben oder ähnlichen Voraussetzungen gleichmäßig in allen Staaten[5]. Die Lösung – die Kollisionsnorm – kann demgemäß überall dieselbe sein, vorausgesetzt, daß sie „richtig" ist. Selbst der Interessengegensatz zwischen den Einwanderer- und Auswandererländern fällt insbesondere dann nicht ins Gewicht, wenn ein anderes Prinzip als das Staatsangehörigkeits- oder Domizilprinzip zugrundegelegt wird. Erblickt man aber im IPR kein Recht mit Gerechtigkeitsgehalt, sondern nur ein „Sammelsurium" von neutralen Ordnungsvorschriften – was hier keineswegs vertreten wird –, so bestehen noch weniger Hindernisse zu seiner Vereinheitlichung.

Wenn also die Empfehlung des Institut de Droit International keine Utopie ist und ernst genommen werden soll, kann sie nur den folgenden Sinn haben: einmal (negativ) als eine Empfehlung an die Staaten, alles zu unterlassen, was einer Vereinheitlichung des IPR hinderlich wäre, und zum anderen (positiv gedacht) als Empfehlung an die nationalen Gesetzgeber nur „international richtige" Kollisionsnormen anzustreben und zu erlassen. Denn internationalisierbar sind nur solche Kollisionsnormen, die von allen Seiten akzeptiert werden können; sie können es aber nur dann sein, wenn die Anknüpfung der soziologischen Funktion des betreffenden Rechtsinstituts (hier: Eheschließung und Ehescheidung) am besten entspricht, m. a.W. wenn die Kollisionsnorm „richtig", wenn sie gerecht ist[6].

Was darunter im einzelnen zu verstehen ist, erläutert die Resolution des Institut de Droit International freilich nicht. Es wird deshalb in den nachfolgenden Ausführungen versucht, für die oben erwähnten Punkte einen sinngemäßen, auch für den deutschen Gesetzgeber annehmbaren Inhalt zu finden.

---

[5] Hierzu *Braga*, Rechtsvergleichung, Rechtsvereinheitlichung und das IPR: Annales Universit. Saraviensis, Jur. Fac. 1955, 5, und *Neuhaus*, RabelsZ 22 (1957), 747 ff.

[6] Über den Gerechtigkeitsgehalt des IPR vgl. *Braga*, Staatsangehörigkeitsprinzip usw., 45 ff., mit weiterer Literatur in Fußnote 87 und RabelsZ 23, 434 ff.

II. Eheschließung

1. Die Rechtsnatur der Eheschließung und das Internationale Privatrecht

Jede kollisionsrechtliche Regelung muß, wie oben angedeutet, von der Natur und soziologischen Funktion des Rechtsinstituts ausgehen. IPR ist keine Arithmetik der Gesetzeskollision, wie es zuweilen aufgefaßt wird. Eine Kollisionsnorm, die die materiellrechtlichen Eigenarten des Instituts mißachtet, kann sich nur kraft Gesetzesautorität durchsetzen, sie wird aber nicht durch ihre innere Logik verbindlich und ist somit auch nicht internationalisierbar.

Betrachtet man aufmerksam das Recht der Eheschließung, so fällt folgendes auf:

a) Sämtliche Vorschriften, die die Eheschließung betreffen, stellen *zwingendes Recht* dar. So ist es im deutschen EheG, und so ist es auch in den meisten ausländischen Rechtsordnungen. Selbst die zahlreichen sog. „Soll- und Kann-Vorschriften" des EheG (z. B. §§ 1, 7, 8, 15 usw.) bilden insofern keine Ausnahme, als sie der Parteidisposition entzogen sind. Die Verlobten sind frei, die Ehe einzugehen oder nicht einzugehen, aber an den Ehevoraussetzungen und Formalitäten können sie nichts ändern. Der gesetzliche Vertreter kann zur Eheschließung des Minderjährigen einwilligen oder nicht einwilligen, aber er kann weder eine allgemeine Einwilligung erteilen noch auf seine Einwilligung verzichten. Die Befreiung von einem Ehehindernis, soweit sie möglich ist, wird nur von der Behörde erteilt, und die Verlobten sind nur frei, die entsprechenden Anträge zu stellen oder nicht zu stellen. Auch solche Vorschriften wie die des § 18 Abs. 2 EheG (Heilung der Ehe nach dem Wegfall der Geschäftsunfähigkeit) ändern an dem Gesagten nichts, da sie den freien Willen zur Eheschließung selbst betreffen, zumal die Willenskundgebung des Ehegatten bedingungsfeindlich ist. Die Aufzählung von weiteren Selbstverständlichkeiten sei mir hier erspart.

Die Kräfte, die das Eheschließungsrecht geformt haben (Tradition, Ethik, staatliche Bevölkerungspolitik), sind allgemein bekannt. Das Gesetz bezweckt damit weniger den Schutz der Verlobten selbst (man denke im Gegensatz hierzu z. B. an zwingende Formvorschriften des Privatrechts), als vielmehr die Wahrung von bestimmten sozial ausgerichteten Grundsätzen, an denen die Öffentlichkeit außerordentlich interessiert ist. Kein Wunder, denn neben dem Staat ist die Ehe eine der wichtigsten soziologischen Einrichtungen, ohne die eine menschliche Gesellschaft nicht auskommen kann. Es ist auch kein Zufall, wenn ein Staat wie die Sowjetunion, der den Kommunismus künftig einführen will, sich trotzdem auf intensivste Weise für die förmliche Eheschließung und für den Bestand der Ehe einsetzt (dies allerdings nur für die „sozialistische" Übergangsperiode).

Das Eheschließungsrecht als ein Komplex von Vorschriften, die die Begründung des ehelichen Bandes normieren, kann – unter diesem Gesichtspunkt betrachtet – nicht mehr als ein Teil des reinen Privatrechts angesehen werden. Das Eheschließungsrecht – man kann das wohl sagen – ist ein Bestandteil der strukturellen Verfassung der Gesellschaft des Staates. Es ist weder reines Privatrecht noch öffentliches Recht im engeren Sinne. Man spricht in diesem Zusammenhang gelegentlich vom „Sozialrecht" [7], doch handelt es sich bei unserem Anliegen nicht um Formulierungen, sondern um die aus dieser Eigenart des Eheschließungsrechts für das IPR zu ziehende Folgerung, und diese für das IPR zu ziehende Folgerung ist m. E. eindeutig: Territorialität des Eheschließungsrechts. M. a. W. die Begründung des ehelichen Bandes kann sich nur nach dem Rechte des Staates richten, in dem die Eheschließung stattfindet (lex loci actus).

b) Eine andere auffällige Eigenart des Eherechts ist die Eindeutigkeit, die *Einmaligkeit der Rechtsfigur „Ehe"*. Dies wird besonders deutlich, wenn man an die Fülle von Rechtsformen denkt, die im Privatrecht sonst bestehen (z. B. verschiedene Kaufarten, Gesellschaftsformen, Varianten der Miete, der Dienst- und Arbeitsverträge, atypische Verträge im allgemeinen usw.). Das Eherecht dagegen kennt keine Varianten. Es gibt nur eine Rechtsform, die „Ehe" heißt, und zwar auch dort, wo Polygamie noch gestattet ist („Hauptfrauen" und „Nebenfrauen" des früheren chinesischen Rechts gehören wohl der Vergangenheit an). Insofern ist der Begriff „Ehe" und somit der der Eheschließung universal, weil es sich rechtsvergleichend um eine einmalige und einheitliche Rechtskategorie handelt. Die typisch nationalen Rechtsverschiedenheiten beginnen erst bei den tatsächlichen und rechtlichen Voraussetzungen, die anläßlich der Eheschließung zu beachten sind. Die Rechtsordnungen gehen vielleicht noch weiter auseinander, wenn es sich um die Rechtsverhältnisse innerhalb der Ehe handelt (der deutsche Gesetzgeber spricht hier von „Wirkungen der Ehe"). Doch abgesehen von diesen Rechtsverschiedenheiten bedeutet die Eheschließung (die Begründung des ehelichen Bandes) überall ein und dasselbe.

Für das IPR kann daraus zweierlei abgeleitet werden: Einmal bedarf der Normenkomplex „Eheschließungsrecht" keiner besonderen Qualifikation (Universalität des Begriffs „Eheschließung"), und es ist deshalb – zum anderen – im Prinzip gleichgültig, wo und nach welchem Recht die Begründung des ehelichen Bandes (die Eheschließung) stattfindet. Die oben (a) hervorgehobene „Territorialität" des Eheschlie-

---

[7] *Lehmann*, Deutsches Familienrecht 1960³, 2 und 16.

ßungsrechts hindert somit die Anerkennung der im Auslande nach ausländischem Recht erfolgten Eheschließung nicht: bei einer sich festigenden Völkergemeinschaft, verbunden mit der gegenseitigen Achtung vor dem fremden Recht und mit dem steigenden Bedürfnis nach erhöhter Rechtssicherheit im internationalen Rechtsverkehr, bedeutet dies eine Selbstverständlichkeit. Wohlgemerkt, der Grundsatz der lex loci actus im Eheschließungsrecht hat nichts mit der Frage zu tun, welche Wirkungen die Eheschließung erzeugt (Ehewirkungsstatut).

c) *Das Eheschließungsrecht gruppiert sich um eine einzige Frage:* Begründung des rechtlichen Bandes der Ehe. Die verschiedenen Vorschriften über die Ehehindernisse und über die bei der Trauung selbst vorzunehmenden Rechtshandlungen haben nur dieses eine Ziel im Auge. Alle diese Vorschriften bilden dadurch einen einheitlichen, funktional untrennbaren Normenkomplex.

Es ist deshalb m. E. abwegig vom formellen und materiellen Eheschließungsrecht zu sprechen. Alles ist materielles Recht oder, wenn man es unbedingt will, formelles Recht oder sogar beides zugleich. Niemals kann man aber eine Bestimmung als reine Formvorschrift ansehen und in einer anderen Bestimmung reines materielles Recht erblicken und somit – im internationalen Bereich in Anlehnung an Art. 11 und 13 Abs. 1 EGBGB – ihre gegenseitige Austauschbarkeit bejahen. Mutet eine solche Differenzierung nicht begriffsjuristisch an? Kann man denn mit unfehlbarer Sicherheit behaupten, daß z. B. die Bestimmung des EheG über die zwingende standesamtliche Trauung (§ 11), über die persönliche Anwesenheit der Verlobten vor dem Standesbeamten (§ 13), über das Auseinandersetzungszeugnis (§ 9), über das Aufgebot (§ 12) und sogar über die Anwesenheit von Zeugen (§ 14) reine Formvorschriften seien? Dem Wortlaut des EheG nach sind nur die §§ 13 bis 15 Formvorschriften! Ist dies jedoch nicht irreführend?

Die soziologische Natur und somit die rechtspolitische Aufgabe des Eheschließungsrechts (vgl. oben a) läßt jedenfalls eine solche Spaltung (materielles und formelles Eheschließungsrecht) nicht zu. Im IPR müßte dies zu einer „Gesamtverweisung" auf die lex loci actus führen.

Das EGBGB hat zwar diese Richtung eingeschlagen (Art. 13 Abs. 3), es ist jedoch wegen des geheiligten Staatsangehörigkeitsprinzips auf dem halben Weg stehengeblieben (konsequenter wäre es, für Deutsche die Eheschließung vor dem deutschen Standesbeamten oder Konsul zwingend vorzuschreiben!). Wenn das Gesetz (Art. 13 Abs. 1) den Standesbeamten anweist, ausländisches „materielles" Eheschließungsrecht in das EheG einzubauen, so verlangt es etwas im Grunde genommen Unmögliches. Welche Vorschriften des EheG sind denn als „materiellrechtlich" zu verstehen und *auszutauschen* gegen ausländisches Recht?

Noch schwieriger und schier unlösbar ist die auf Grund dieser Methode zu beurteilende Frage nach der Gültigkeit der Eheschließung im Auslande. Soll man hier ausländisches Recht mit dem deutschen Recht kreuzen? Nach welchen Kriterien, die verbindlich sein könnten auch für den ausländischen Standesbeamten oder etwa für den im Auslande zelebrierenden (katholischen) Priester? Art. 13 Abs. 1 EGBGB erwartet und verlangt aber (nach der herrschenden Auslegung) derartiges vom ausländischen Standesbeamten: eine im internationalen Bereich völlig absurde und undurchführbare Forderung!

Das, was auf anderen Gebieten des IPR als möglich und nötig erscheint (Sonderanknüpfung für die Form eines Rechtsgeschäfts), ist im Eheschließungsrecht nicht durchführbar. Art. 11 Abs. 1 Satz 1 EGBGB (lex causae), dessen tieferer Sinn bisher m. E. noch zu wenig beachtet wurde, duldet hier keine Ausnahme. Dies führt uns zu dem oben (a, b) vertretenen Grundsatz der „Territorialität" des Eheschließungsrechts und zu der gegenseitigen Anerkennung der Eheschließungen im internationalen Rechtsverkehr.

d) Noch eine Eigenart des Eheschließungsrechts soll hier hervorgehoben werden: sämtliche Rechtsordnungen der Welt sind *ehefreundlich,* d. h. die fehlerhafte Eheschließung wird nach Möglichkeit geheilt. Auch diese Eigenart des Eheschließungsrechts spricht für die lex loci actus. Darüber hinaus wäre die Gültigkeit der Eheschließung mit Rücksicht auf diese allgemeine Tendenz dann zu bejahen, wenn die Ehe (zwar nicht nach lex loci actus, wohl aber) nach dem Heimatrecht gültig zustandegekommen ist.

Zusammenfassend läßt sich folgendes sagen: Die Eigenart des Eheschließungsrechts, seine zwingende, man möchte beinahe sagen, öffentlich-rechtliche Natur, seine Unteilbarkeit (etwa in materielles und formelles Eheschließungsrecht) lassen nur eine Schlußfolgerung zu: lex loci actus (Territorialität des Eheschließungsrechts). Der Standesbeamte kann bei der Eheschließung nur sein Recht anwenden. Noch deutlicher wird dies bei der kirchlichen Eheschließung. Ermächtigt ein Staat die Kirche, rechtsgültige Trauungen auf seinem Territorium vorzunehmen, so wird sich die Kirche um die In- oder Ausländereigenschaft der Verlobten nicht kümmern, sie wird kein fremdes Recht beachten, sondern nur nach eigenem Recht (das in seiner Anlage ohnehin universalen Charakter hat) die Voraussetzungen der Eheschließung prüfen und die Trauung vornehmen. Es besteht kein ernstes Hindernis, die Territorialität des Eheschließungsrechts im internationalen Bereich allgemein anzuerkennen, um so weniger, als die Eheschließung als Rechtsbegriff in allen Staaten gleich ist und Qualifikationsschwierigkeiten in diesem Punkt nicht zu erwarten sind. Das somit zum Ausdruck gebrachte Prinzip – lex loci actus – wird noch durch das Bedürfnis nach erhöhter Sicherheit im internationalen Rechtsverkehr unterstrichen: „hinkende" Ehen sollen endlich abgeschafft werden.

2. Vorschläge für die Gesetzgebung

Die Formulierung des Lex-loci-actus-Prinzips in Gestalt eines Gesetzesentwurfs begegnet keinen erheblichen Schwierigkeiten. Die Kollisionsnorm könnte (als Satz 1) lauten:

„Die Eingehung der Ehe wird nach den Gesetzen des Ortes beurteilt, an dem die Eheschließung stattfindet."

Gegenwärtig gilt dieses Prinzip nur in wenigen Staaten. Seine Aufnahme in das EGBGB macht deshalb die Klärung folgender Fragen erforderlich:

a) Eine hinkende Ehe kann entstehen, wenn nach dem Ortsrecht eine (fehlerhafte) Eheschließung vorliegt, die absolut nichtig oder vernichtbar ist oder aufgehoben (angefochten) werden kann, nach dem Heimatrecht der Verlobten dagegen (oder nach dem Recht ihres Wohnsitzstaates) gültig oder heilbar ist. Als Beispiele können erwähnt werden: die kirchliche Eheschließung von Spaniern oder Griechen in Deutschland (oder in einem Staat mit obligatorischer Ziviltrauung), Eheschließung vor dem Konsul des Heimatstaates, Eheschließung von Deutschen im Auslande, wenn die nach dem Ortsrecht zwar unheilbar fehlerhafte Eheschließung nach §§ 11 Abs. 2, 18 Abs. 2, 19 Abs. 2, 21 Abs. 2, 22 Abs. 2 des EheG (oder nach ähnlichen Bestimmungen des Heimatrechts, wenn es sich um Ausländer handelt) doch geheilt werden kann.

Gegenwärtig werden diese Schwierigkeiten entweder mit Hilfe des Staatsangehörigkeitsprinzips oder über den ordre public – allerdings nur zum Teil – überwunden. Darüber hinaus handelt es sich, wie *Horst Müller* bemerkt (sein Referat S. 42), um ungelöste Probleme; er empfiehlt deshalb, von einer gesetzlichen Regelung dieser Fragen Abstand zu nehmen. Im Rahmen des Lex-loci-actus-Prinzips ist eine zumindest *teilweise* Berücksichtigung dieser Fragen doch wohl notwendig. Da eine allgemeine Tendenz zur Aufrechterhaltung der Ehe besteht – dies wurde oben bereits hervorgehoben (1 d) – kann eine wahlweise (Ersatz-)Anknüpfung an die Staatsangehörigkeit bzw. an den gewöhnlichen Aufenthalt vorgeschlagen werden:

„Die Eingehung der Ehe ist jedoch auch dann wirksam, wenn die Eheschließung nach dem Heimatrecht eines jeden der Verlobten oder nach den Gesetzen des Staates, in dem die Verlobten ihren gemeinsamen gewöhnlichen Aufenthalt haben, gültig ist."

b) Eine hinkende Ehe kann ferner entstehen, wenn der Heimatstaat beider oder eines der Verlobten die kirchliche Trauung für seine

Staatsangehörigen zwingend vorschreibt. Daß solche Situationen sich auch im Rahmen des geltenden Art. 13 Abs. 3 EGBGB ergeben, ist allgemein bekannt. Sie sind nicht zu umgehen, solange die Gesetzgeber gewisser Staaten (z. B. Griechenland und Spanien) ihre starre Haltung nicht zugunsten einer liberalen Auffassung im IPR aufgeben.

Um derartige Situationen nach Möglichkeit zu vermeiden, kann der deutsche Gesetzgeber den Standesbeamten nur anweisen, die Verlobten auf die notwendige anschließende kirchliche Trauung aufmerksam zu machen. Ich schließe mich deshalb dem von der 2. Kommission am 19. 4. 1955 gefaßten Beschluß über die Einführung des § 7a im PStG an:

„Ist nach dem Recht des Staates, dem einer der Verlobten angehört, zur Gültigkeit einer im Ausland abgeschlossenen Ehe die Wahrung weiterer Formvorschriften (zum Beispiel: kirchliche Trauung) erforderlich, so hat der Standesbeamte die Verlobten vor Erlaß des Aufgebots darauf hinzuweisen."

c) Eine hinkende Ehe kann schließlich auch dann entstehen, wenn das (ausländische) Heimatrecht beider oder eines der Verlobten – vom Staatsangehörigkeitsprinzip ausgehend – die (in Deutschland) erfolgte Eheschließung nicht anerkennt (oder sie für nichtig oder anfechtbar erklärt), weil ein Ehehindernis jenes Heimatrechts (z. B. Eheschließung zwischen Andersgläubigen, zwischen Angehörigen verschiedener Rassen usw.) oder eine Formalität (z. B. Aufgebot im Heimatort) nicht beachtet wurde.

Solange noch viele Staaten an dem Staatsangehörigkeitsprinzip festhalten, ist daran nichts zu ändern. Deshalb braucht aber nicht auf das Lex-loci-actus-Prinzip verzichtet zu werden. Der deutsche Gesetzgeber kann ohne weiteres diesen Zustand im Auslande berücksichtigen. Die Vorschrift des § 10 EheG (Ehefähigkeitszeugnis für Ausländer) kann – wie bisher – bestehenbleiben, und zwar nicht im Rahmen des EheG, sondern – wie auch von der 2. Kommission des Deutschen Rates für IPR bereits vorgeschlagen – durch Übernahme in das PStG. Auf diese Weise erhält die Bestimmung über die Beibringung des Ehefähigkeitszeugnisses den Charakter einer Formalität des deutschen Rechts, und sie hat dann mit der Frage nach dem für die Eheschließung maßgebenden Recht nichts mehr zu tun. Man vermeidet dadurch hinkende Ehen und versöhnt die Anhänger des Staatsangehörigkeitsprinzips. Die Beurteilung selbst erfolgt jedoch einheitlich (ohne Spaltung zwischen dem formellen und dem materiellen Eheschließungsrecht) nach dem Ortsrecht: m. E. die einzige Lösung, die internationalisierbar ist.

Allerdings ist die Handhabung der im § 10 Abs. 2 EheG vorgesehenen „Befreiung von der Beibringung des Ehefähigkeitszeugnisses" freier zu gestalten. Ich schlage deshalb eine Neufassung der betreffenden Bestimmung in der 1. DVO EheG vor (die §§ 7 und 8 der 1. DVO müßten dann konsequenterweise ebenso in das PStG oder in die 1. DVO zu diesem Gesetz eingebaut werden). § 8 Abs. 1 der 1. DVO könnte dann lauten (die übrigen Bestimmungen der §§ 7 und 8 bleiben unverändert):

„Eine Befreiung von der Beibringung des Ehefähigkeitszeugnisses soll grundsätzlich nur Staatenlosen sowie Angehörigen solcher Länder gewährt werden, deren innere Behörden Zeugnisse dieser Art nicht ausstellen. In anderen Fällen ist die Befreiung nur zu gewähren, wenn der Ausländer seinen gewöhnlichen Aufenthalt im Inlande oder in einem Staate hat, nach dessen Gesetzen die Eheschließung zulässig sein würde und die Rückkehr in die Heimat nicht zu erwarten ist, oder wenn die Versagung der Befreiung eine außergewöhnliche Härte darstellen würde."

d) Eine Reihe von rechtstechnischen Vorschriften besonders in der Dienstanweisung für die Standesbeamten müßten mit der Einführung des Lex-loci-actus-Prinzips geändert werden. Auf die Einzelheiten kann hier verzichtet werden. Die Bestimmung des § 67 PStG muß jedoch selbstverständlich in Kraft bleiben, solange in Deutschland die obligatorische Ziviltrauung gilt, selbst dann, wenn die nur kirchliche Eheschließung nach dem oben (2 a) gemachten Vorschlag u. U. rechtswirksam werden sollte.

e) Es bedarf keiner besonderen Erwähnung, daß im Rahmen des vorliegenden Vorschlages die allgemeinen Grundsätze des IPR über die Rückverweisung und den ordre public (Art. 27 und 30 EGBGB) unberührt bleiben.

3. Schlußbemerkung

Der an die Spitze für das internationale Eheschließungsrecht gestellte Lex-loci-actus-Grundsatz ist m. E. die einzige Lösung, die von allen Staaten angenommen und deshalb auch vereinheitlicht werden kann. Die übrigen hier gemachten Vorschläge sind mit Rücksicht auf die in der Welt bestehenden Systeme (Staatsangehörigkeits- und Wohnsitzprinzip) nur als Korrekturen gedacht. Sie können je nach den praktischen Bedürfnissen geändert oder im Laufe der Zeit abgebaut werden, ohne den Kern der vorgeschlagenen Kollisionsnorm zu berühren.

Es wird gegen den Lex-loci-Grundsatz u. a. vielleicht eingewendet, daß der Eheschließungsort zufällig sein könne, und dieser Grundsatz daher dem Schwerpunktgedanken nicht entspreche. Fürwahr, der Eheschließungsort kann zufällig sein. Das ändert aber nichts an der Tatsache, daß das Eheschließungsrecht in der territorialen Gesellschaftsordnung verankert ist. Und noch etwas: der Eheschließungsort ist insofern niemals zufällig, als er von den Ehegatten selbst gewählt wird.

Solange das Prinzip der freiwilligen Eheschließung in den meisten Rechtsordnungen gilt, bleibt der Kern (und somit der Schwerpunkt) der Eheschließung immer der Ehekonsens als universales Prinzip des Eheschließungsrechts. Alles andere, was das Eheschließungsrecht enthält, bleibt der territorialen Rechtsordnung vorbehalten. Die Verlobten sind frei, die Ehe zu schließen, wo und nach welchem Recht es ihnen beliebt. Ohnehin kann man dies nicht verhindern. Vielleicht aber handelt es sich hierbei um ein Menschenrecht.

III. Ehescheidung

1. Allgemeines

Das über die Natur und Eigenart des Eheschließungsrechts Gesagte gilt in einem stärkeren Maße auch für das Ehescheidungsrecht, das ebenfalls zur gesellschaftlichen Struktur einer Nation gehört. Seine öffentlich-rechtliche oder, wenn man will, soziale Natur und die Unteilbarkeit des Scheidungsrechts (in materielles Ehescheidungsrecht und Scheidungsverfahren) tritt hier noch deutlicher hervor. Die deutsche Rechtsprechung vor dem Inkrafttreten des BGB hat wiederholt die öffentlich-rechtliche Natur des Scheidungsrechts betont und daraus die m. E. richtige Folgerung gezogen: Territorialität des Ehescheidungsrechts, Lex-fori-Grundsatz[8].

Dieses von der Praxis des vergangenen Jahrhunderts als richtig empfundene Prinzip (lex fori) wurde im Grunde genommen auch von den Redaktoren des EGBGB anerkannt (Art. 17 Abs. 4 EGBGB), doch wurde er durch das Staatsangehörigkeitsprinzip – zu dem sich nun einmal die europäischen Juristen um die Jahrhundertwende bekannt haben – verwischt. Die heutige Praxis folgt insoweit diesem Grundsatz, als die Klagen (mit Rücksicht auf Art. 17 Abs. 4) sich normalerweise auf Scheidungsgründe des deutschen Rechts stützen, und erst die Gerichte von Amts wegen bemüht sind (wegen des Art. 17 Abs. 1 EGBGB), festzustellen, ob diese Gründe auch dem Heimatrecht entsprechen.

---

[8] So RG 19. 6. 1883 RGZ 9, 192, in Anlehnung an *Savigny*, System des heutigen römischen Rechts VIII, 337: „Die für die Ehescheidung geltenden, auf der sittlichen Natur der Ehe beruhenden Rechtsnormen haben einen streng positiven Charakter. Daraus folgt, daß der über die Ehescheidung urteilende Richter nur das Gesetz seines Landes befolgen darf, daß das Recht anzuwenden ist, welches im Bezirke des für die Ehescheidungsklage zuständigen Gerichts Geltung hat." Vgl. ferner RGZ 15, 189, und 16, 138 f. Weitere Rechtsprechung und Hinweise auf die bayerische Praxis in BöhmsZ 2 (1892), 473 f.; 3, 153; 5, 168 Fußnote 3; vgl. hierzu noch *M. Klein*, Örtliches Recht in Ehescheidungssachen, BöhmsZ 7 (1897), 487 ff., der bereits unter den „neuen" Einflüssen (Staatsangehörigkeitsprinzip) steht.

Solange die geltenden Kollisionsrechte den Richter anweisen, nur oder neben dem einheimischen Recht fremdes Ehescheidungsrecht anzuwenden, wird es immer zu Spannungen und zu unerfreulichen Erscheinungen kommen, wie z. B. zu Qualifikationsschwierigkeiten, übermäßiger Ausdehnung des ordre public (z. B. in Frankreich) und zu unbilligen Ergebnissen (man denke nur an das Staatsangehörigkeitsprinzip und Flüchtlingsproblem!). Vor allem aber kann eine Kollisionsnorm mit Staatsangehörigkeits- oder Domizilprinzip nicht internationalisiert werden, wie die bisherige Erfahrung zur Genüge gezeigt hat.

Es wird häufig argumentiert, daß für die Ehescheidung dasselbe Recht maßgebend sein müsse wie das für die persönlichen Rechtsbeziehungen der Ehegatten: das Ehescheidungsrecht sei gewissermaßen als eine Sanktion der den Ehegatten auferlegten Rechtspflichten zu betrachten; der Lex-fori-Grundsatz könne jedoch diese Forderung nicht erfüllen, da es einen Rückschritt („Atavismus") bedeuten würde, die persönlichen Rechtsbeziehungen der Ehegatten an die lex fori zu binden. Ich glaube, daß dadurch nur ein Scheinproblem berührt wird. Schon die Umschreibung dieses Systembegriffs „persönliche Rechtsbeziehungen der Ehegatten" (die Qualifikation) ist schwierig, wenn nicht sogar unmöglich, weil die Grenzziehung willkürlich erfolgt.

Betrachten wir jedoch beispielsweise die Verhältnisse im deutschen Recht: Man kann wirklich nicht behaupten, daß das Ehescheidungsrecht im EheG (§§ 42 ff.) eine Sanktion der Bestimmungen des BGB (§§ 1354 ff.) darstelle. Was die Bestimmung des § 1353 BGB anbelangt (Verpflichtung zur ehelichen Lebensgemeinschaft), so ist sie zu allgemein und verschwommen, um daraus irgendwelche Folgerungen für das Scheidungsrecht ziehen zu können. Man könnte höchstens umgekehrt sagen, daß sich erst aus den §§ 42 ff. EheG ergibt, welche Pflichten die eheliche Lebensgemeinschaft enthält. Doch wäre dies auch nicht ganz zutreffend (man braucht nur an die Scheidung „aus anderen Gründen", §§ 44 ff. EheG, zu denken!). In Wirklichkeit liegen das Recht der persönlichen Beziehungen der Ehegatten und das Ehescheidungsrecht m. E. auf verschiedenen Ebenen: obwohl beide Normenkomplexe sich z. T. auf dieselben Lebenssachverhalte beziehen, gehört die erste Normengruppe eindeutig zum Privatrecht, das Scheidungsrecht dagegen ist alles andere als reines Privatrecht.

Das Ehescheidungsrecht bildet ein untrennbares Ganzes, das nur eine einzige Frage zum Gegenstand hat: ob und unter welchen Voraussetzungen die Auflösung des ehelichen Bandes herbeigeführt werden kann. Sowohl das sog. materielle Scheidungsrecht wie auch das Scheidungsverfahren haben nur dieses eine Ziel – Auflösung des ehelichen Bandes – im Auge und sind deshalb funktional voneinander nicht zu trennen. Schon die Bestimmung des § 41 EheG (Ehescheidung nur durch gerichtliches Urteil) kann sowohl als materielles wie auch als formelles Recht angesehen werden, ebenso wie die Bestimmung des § 11 EheG über die obligatorische Ziviltrauung. Niemand wird bestreiten, daß die Bestimmungen der §§ 606 ff. ZPO und §§ 42 ff. EheG im internen Bereich der Rechtsordnung verschiedene Funktionen ausüben und deshalb eine systematische Trennung rechtfertigen. Doch sind im internationalen Bereich m. E. die rechtspolitisch-soziologischen Funktionen maßgebend und, unter diesem Gesichtspunkt betrachtet, ist eine starke Wechselwirkung zwischen dem materiellen Recht (im EheG) und dem Scheidungsverfahren nicht zu verkennen. Würde beispielsweise das Scheidungsrecht im EheG einer radikalen Reform unterzogen, so müßte dies unausweichlich auch zu einer Änderung des Scheidungsverfahrens führen und umgekehrt (die §§ 606 ff. ZPO sind bekanntlich vorwiegend auf das Scheidungsrecht zugeschnitten). Im IPR ist aber für funktional einheitliche Normenkomplexe nur eine einheitliche Anknüpfung tragbar, und auch umgekehrt ist es unrichtig, funktional verschiedene Normenkomplexe an eine einheitliche Anknüpfung a priori starr zu binden.

2. Vorschläge für die Gesetzgebung

Der Lex-fori-Grundsatz im Ehescheidungsrecht kann folgendermaßen formuliert werden:

„Für die Scheidung der Ehe ist das am Sitze des Gerichts geltende Recht maßgebend."

In diesem Zusammenhang ergeben sich eine Reihe von Fragen:

a) *Allgemeines.* Die Ehescheidung ist zwar ein Gegenstück der Eheschließung, aber u. a. besteht in einem Punkt ein wesentlicher Unterschied: die Freiwilligkeit scheidet hier grundsätzlich aus. Einerseits ist die Scheidung allein auf Grund des gegenseitigen Einverständnisses der Ehegatten in den meisten Rechtsordnungen der Welt (selbst in der Sowjetunion) unzulässig, wie überhaupt die Rechtsordnungen wenig scheidungsfreundlich sind. Andererseits ist der beklagte Ehegatte mit der Ehescheidung oder mit den Scheidungsgründen nicht immer einverstanden. Die für die Ehescheidung vorgeschlagene lex fori muß deshalb in enge Beziehung zu der Person der Ehegatten und ihrer Umwelt gebracht werden, um die Willkürlichkeit bei der Auswahl des maßgebenden Rechts durch den Kläger zu unterbinden. Es handelt sich hier um die Frage nach der internationalen Zuständigkeit. Dies hat aber mit der Frage nach dem für die Ehescheidung maßgebenden Recht nichts mehr zu tun.

Was die internationale Zuständigkeit anbelangt, so sei noch folgendes hervorgehoben: Wenn das Scheidungsrecht national so stark gefärbt ist, daß es keine andere Kollisionsnorm als die lex fori zuläßt – die einzige Kollisionsnorm, die m. E. von allen Staaten akzeptiert und somit vereinheitlicht werden kann –, so verlagert sich dadurch das Schwergewicht auf die Regelung der internationalen Zuständigkeit (das ist eigentlich auch im Rahmen des heute geltenden Rechts der Fall). Aber gerade die Normen über die Zuständigkeit und Gerichtsbarkeit sind vom gesamten Scheidungsrecht am farblosesten: sie lassen sich daher ohne weiteres internationalisieren.

Solange allerdings eine Vereinheitlichung dieser Frage noch aussteht, bleibt dem deutschen Gesetzgeber nichts anderes übrig, als seinerseits 1. die Grenzen der Zuständigkeit eigener Gerichte abzustecken und 2. die Voraussetzungen festzulegen, unter denen ein ausländisches Ehescheidungsurteil anzuerkennen ist. Diese zwei Fragen sollen aber angesichts der anzustrebenden Vereinheitlichung im Geiste der internationalen Rechtsgemeinschaft und gegenseitigen Anerkennung gestaltet werden, und sie sollen die gegenwärtig in der Welt bestehenden Systeme (Staatsangehörigkeits- und Wohnsitzprinzip) berücksichtigen. Die Berücksichtigung des Staatsangehörigkeitsprinzips ist ferner insoweit berechtigt, als die Frage nach der Zuständigkeit gewisse staatsrechtliche Momente enthält. Auch kann die Zuständigkeit in allen Ehesachen einheitlich geregelt werden, weil dadurch die Frage nach dem für die Eheschließung oder Ehescheidung maßgebenden Recht nicht berührt wird.

b) Die (deutsche) *internationale Zuständigkeit* muß bejaht werden, wenn beide Ehegatten die deutsche Staatsangehörigkeit besitzen, auch wenn sie im Auslande ihren Wohnsitz haben. Die Gründe liegen auf der Hand und brauchen deshalb nicht besonders erwähnt zu werden. § 606 Abs. 1 ZPO kann somit (abgesehen von Gleichberechtigungsfragen) bestehen bleiben.

Die Zuständigkeit des deutschen Gerichts ist ferner gegeben, wenn beide Ehegatten ihren Wohnsitz im Inland haben, und zwar gleichgültig, welche Staatsangehörigkeit sie besitzen. Eine Korrektur zugunsten ihres Heimatrechts ist jedoch dann angebracht, wenn die Ehegatten dieselbe Staatsangehörigkeit besitzen, ihr Heimatrecht die Ehescheidung nicht kennt und auch eine Auslandsscheidung nicht anerkennt. In diesem Falle wäre die (deutsche) Zuständigkeit abzulehnen. Sie ist m. E. auch dann abzulehnen, wenn der klagende Ehegatte einem solchen Staat angehört, der die Ehescheidung nicht kennt. Somit würde ein einfacher Hinweis auf das Heimatrecht des klagenden Ehegatten in diesem Sinne genügen.

Kennt dagegen das gemeinsame Heimatrecht der Ehegatten die Scheidung der Ehe dem Bande nach, erkennt es aber ein deutsches Scheidungsurteil nicht an, so kann m. E. die (deutsche) Zuständigkeit besonders dann nicht verneint werden, wenn der Schwerpunkt des Lebens – der Wohnsitz – der Ehegatten im Inlande liegt und die Rückkehr in die Heimat nicht beabsichtigt ist. Man kann in solchen Fällen eine hinkende Ehescheidung ruhig in Kauf nehmen, da sie auf einem Mißtrauen und Mangel an Bereitschaft zur internationalen Zusammenarbeit seitens des Heimatstaates beruht.

Besitzt nur einer der Ehegatten die deutsche Staatsangehörigkeit, so ist die deutsche Gerichtsbarkeit allein aus diesem Grunde nicht gerechtfertigt. Sie ist nur zu bejahen, wenn zumindest einer der Ehegatten seinen Wohnsitz im Inlande hat. Dasselbe muß auch dann gelten, wenn beide Ehegatten Ausländer verschiedener Staatsangehörigkeit oder Staatenlose sind, wobei nur einer von ihnen im Inlande wohnhaft ist und die Rückkehr in seine Heimat nicht beabsichtigt. Es handelt sich verhältnismäßig um seltene Fälle, und man kann diesem im Inlande wohnhaften Ausländer nicht die Möglichkeit der Ehescheidung verschließen, wenn ein Scheidungsgrund nach inländischem Recht besteht.

Mithin kann § 606 Abs. 3 ZPO gesondert als § 606 b folgendermaßen neu gefaßt werden:

„Besitzt nur einer der Ehegatten die deutsche Staatsangehörigkeit oder sind beide Ehegatten Ausländer, so kann von einem deutschen Gericht in der Sache nur entschieden werden,

1. wenn nach dem gemeinsamen Heimatrecht der Ehegatten die von dem deutschen Gericht zu fällende Entscheidung anerkannt werden wird oder wenn beide Ehegatten ihren gewöhnlichen Aufenthalt im Inlande haben und die Rückkehr in die Heimat zumindest eines von ihnen nicht zu erwarten ist;
2. wenn die Ehegatten nicht demselben Staat angehören und einer von ihnen seinen gewöhnlichen Aufenthalt im Inlande hat, falls die Rückkehr in die Heimat nicht zu erwarten ist.

In Ehescheidungssachen ist außerdem erforderlich, daß das Heimatrecht des Klägers die Scheidung der Ehe dem Bande nach zuläßt oder das von dem deutschen Gericht zu fällende Ehescheidungsurteil von dem Heimatstaat anerkannt werden wird."

c) Die Grundsätze über die *Anerkennung ausländischer Ehescheidungsurteile* können nach ähnlichen Gesichtspunkten gestaltet werden. Die Anerkennung darf grundsätzlich nur versagt werden, wenn die Ehegatten nicht Angehörige des Urteilsstaates sind und keiner von ihnen in diesem Staat seinen Wohnsitz bzw. gewöhnlichen Aufenthalt hat. § 328 Abs. 1 Nr. 3 ZPO wäre daher aufzuheben, zumindest was den Hinweis auf Art. 17 EGBGB anbelangt. Statt dessen könnte eine allgemeinere Bestimmung in den § 24 der 4. DVO EheG aufgenommen werden, und zwar als Abs. 4 (die bisherige Fassung dieser Bestimmung – Ausnahme von dem förmlichen Anerkennungszwang – ist m. E. nicht zu billigen):

„Die Anerkennung eines ausländischen Ehescheidungsurteils ist zu versagen, wenn die Ehegatten nicht Angehörige des Staates sind, dessen Gericht das Urteil gefällt hat, und keiner von ihnen in diesem Staat seinen gewöhnlichen Aufenthalt hat."

In diesem Zusammenhang kann § 606 Abs. 2 ZPO folgende Fassung als § 606 a erhalten:

„Haben deutsche Ehegatten ihren gewöhnlichen Aufenthalt nicht im Inlande, oder ist einer von ihnen oder sind beide Ausländer, so stehen die Vorschriften des § 606 der Anerkennung einer von einer ausländischen Behörde getroffenen Entscheidung nicht entgegen."

3. Schlußbemerkung

Die oben gemachten Vorschläge über die internationale Zuständigkeit und die Anerkennung ausländischer Ehescheidungsurteile wurden nur skizzenhaft entworfen und bedürfen noch einer späteren genaueren Ausarbeitung, wenn die 2. Kommission die Behandlung dieser Fragen in Angriff nimmt. Sie erscheinen daher nicht in der nun folgenden Zusammenfassung der Ergebnisse. Bei der Behandlung dieser Fragen wäre m. E. noch die vom Institut de Droit International im Jahre 1948 gefaßte Resolution über das internationale Ehescheidungsrecht (Kollisionsrecht, Zuständigkeit, Anerkennung ausländischer Ehescheidungsurteile) zu berücksichtigen (vgl. Annuaire 43 [1948], 282). Erörterungsbedürftig sind schließlich die besonderen Formen der Ehescheidung (Trennung von Tisch und Bett, Scheidung durch eine Verwaltungsbehörde, durch „Scheidebrief" usw.).

IV. Zusammenfassung der Vorschläge

A. Eheschließung

1. Art. 13 EGBGB (Neufassung):

„Die Eingehung der Ehe wird nach den Gesetzen des Ortes beurteilt, an dem die Eheschließung stattfindet. Die Eingehung der Ehe ist jedoch auch dann wirksam, wenn die Eheschließung nach dem Heimatrecht eines jeden der Verlobten oder nach den Gesetzen des Staates, in dem die Verlobten ihren gemeinsamen gewöhnlichen Aufenthalt haben, gültig ist."

2. § 7 a PStG (neu):

„Ist nach dem Recht des Staates, dem einer der Verlobten angehört, zur Gültigkeit einer im Ausland geschlossenen Ehe die Wahrung weiterer Formvorschriften (z. B. kirchliche Trauung) erforderlich, so hat der Standesbeamte die Verlobten vor Erlaß des Aufgebots darauf hinzuweisen."

3. § 10 EheG (Ehefähigkeitszeugnis) wird in unveränderter Fassung ins PStG übernommen.

4. §§ 7 und 8 der 1. DVO EheG werden in die 1. DVO PStG übernommen. § 8 Abs. 1 wird, wie folgt, neu gefaßt:

„Eine Befreiung von der Beibringung des Ehefähigkeitszeugnisses soll grundsätzlich nur Staatenlosen sowie Angehörigen solcher Länder gewährt werden, deren innere Behörden Zeugnisse dieser Art nicht ausstellen. In anderen Fällen ist die Befreiung nur zu gewähren, wenn der Ausländer seinen gewöhnlichen Aufenthalt im Inlande oder in einem Staate hat, nach dessen Gesetzen die Eheschließung zulässig sein würde, und die Rückkehr in die Heimat nicht zu erwarten ist, oder wenn die Versagung der Befreiung eine außergewöhnliche Härte darstellen würde."

B. Ehescheidung

1. Art. 17 EGBGB (Neufassung):

„Für die Scheidung der Ehe ist das am Sitze des Gerichts geltende Recht maßgebend."

2. Über die Neufassung der §§ 606 (a, b), 328 ZPO und § 24 4. DVO EheG bleibt die Erstellung eines Sondervorschlages vorbehalten (über die vorläufigen Ergebnisse vgl. oben III 2 a bis c).

Stellungnahme (dissent) zum „Vorschlag für eine Reform des deutschen internationalen Eherechts"

Von SEVOLD BRAGA, Saarbrücken

(vorgelegt 1959)

I. Zum Gesamtplan der Reformarbeit

Als die Kommission im Jahre 1954 mit ihrer Arbeit begann, standen ihr zwei Wege offen – um nur die zwei extremen Möglichkeiten zu erwähnen –: vom gesicherten (?) Bestand des geltenden Rechts auszugehen und ein verbessertes und modernisiertes EGBGB (Art. 13ff.) zu schaffen, oder aber eine nach völlig neuen Gesichtspunkten und Methoden ausgerichtete Kodifikation des internationalen Eherechts in Angriff zu nehmen.

Obwohl über diesen Punkt keine besonderen Diskussionen stattgefunden haben, zeigen die nunmehr vorliegenden Ergebnisse (Entwurf), daß die Kommission – eher stillschweigend als programmatisch ausgesprochen – den ersten Weg gegangen ist. Die Gegenstände („Verweisungsbegriffe") der einzelnen Kollisionsnormen im Entwurf decken sich zum größten Teil mit denen des EGBGB. Auch die Anknüpfung bleibt im wesentlichen – auf den Normalfall bezogen (gemeinsame Staatsangehörigkeit der Ehegatten) – die gleiche.

Die Vorzüge einer solchen „gemäßigten" Reform des IPR liegen auf der Hand: Eine kontinuierliche Entwicklung des deutschen IPR und eine leichte Anpassung der Praxis an den neuen Rechtszustand würde dadurch gewährleistet werden. Vor allem aber würde dadurch ein gefährliches Experimentieren mit neuen Kodifikationsmethoden vermieden. Das alles sehe ich durchaus ein. Wenn ich aber dem vorliegenden Entwurf *im ganzen* dennoch meine vorbehaltlose Zustimmung nicht geben konnte, so liegt dies einmal an der Überlegung, daß auch durch Anwendung neuer (vom System des EGBGB abweichender) Methoden eine harmonische Entwicklung des IPR erreicht werden könnte, zumal es offenbar die Starrheit der im EGBGB enthaltenen Anknüpfungen und der ihm zugrunde liegenden (Kodifikations-) Methoden ist, die eine differenzierte und gerechte Behandlung der Einzelfälle verhindert und eine Reform des geltenden IPR erforderlich macht. Zum anderen glaube ich, daß der Entwurf – wie auch das System des EGBGB – die spezifischen (materiellrechtlichen) Funktionen der verschiedenen Eherechtsinstitute nicht ausreichend berücksichtigt. Schließlich scheint mir, daß der Entwurf – trotz der Beteiligung der Fachkollegen aus (nur) Frankreich und Österreich – noch zu wenig auf seine „Internationalisierbarkeit" hin überprüft worden ist (der Entwurf als Modell eines einheitlichen IPR-Gesetzes). Vor allem unter diesem letzten Aspekt muß man befürchten, daß der Entwurf beim bekannten langsamen Gang der gesetzgeberischen Vorarbeiten am Tage seines Inkrafttretens uns in der Annäherung der europäischen IPRechte keinen Schritt voranbringen wird, zumal der Europarat unglücklicherweise auf seine Kompetenz in Fragen des IPR zugunsten der Haager Konferenz verzichtet hat, die Haager Konferenz aber ihrerseits – gerade in Fragen des Familienrechts – wegen der großen Zahl der beteiligten Staaten vor Vereinheitlichungsaufgaben stehen wird, die vorläufig wohl kaum zu bewältigen sind.

II. Zur Einteilung des Stoffes

In ihrem Bestreben, alle Fragen des Eherechts einer einheitlichen Rechtsordnung zu unterstellen und somit die Qualifikationskonflikte möglichst zu vermeiden, hat unsere Kommission die Zahl der Kollisionsnormen im Entwurf auf drei reduziert, nämlich je eine Kollisionsnorm über Eheschließung, Ehescheidung und „Ehewirkungen" (die beiden letzten Kollisionsnormen fast gleichlautend). Dadurch wurde eine bestechende Einfachheit und Klarheit des Entwurfs erreicht. Diesem sonst durchaus legitimen Anliegen des Entwurfs könnte man vorbehaltlos zustimmen, wenn die rechtliche Ordnung der Ehe (und Familie) eine ganz nach innen gekehrte Ordnung wäre. Dem ist aber nicht so. Als eine soziologisch und rechtlich komplexe Erscheinung enthält die Ehe (und Familie) Bezirke mit Rechtsinstituten, die außerhalb des rein internen Bereiches der Familie liegen (Eheschließung und Ehescheidung), und Bezirke, die gewissermaßen die Verbindung zur Außenwelt herstellen, in der eine konkrete Ehe (und Familie) eingebettet liegt (Milieugedanke). Hierzu gehören funktional Rechtsinstitute, wie z. B. die Schlüsselgewalt, die Eigentumsvermutung, die Publizität des Güterstandes und sogar der Güterstand selbst. Alle diese Momente können, glaube ich, nicht ohne Auswirkungen auf das IPR bleiben; ihnen entspricht das schier entgegengesetzte Postulat nach funktionaler

Schwerpunktbildung, also nach einer differenzierten Behandlung der Eherechtsinstitute, wie schon oben angedeutet wurde (Näheres darüber weiter unten und in meinem ersten Referat vom August 1955). Dem Milieugedanken kann man, glaube ich, nicht allein durch die (im Entwurf nur subsidiäre) Anknüpfung an den gewöhnlichen Aufenthalt der Ehegatten Rechnung tragen (so die Begründung zum Entwurf: Allgemeine Richtlinien, 1. Anknüpfung).

III. Zur Anknüpfungsmethode

Es kann allzu leicht der Eindruck entstehen, daß meine reservierte Haltung gegenüber dem vorliegenden Entwurf auf der Anhängerschaft zum Domizilprinzip beruht. Dies ist aber ganz und gar nicht der Fall, zumal die rein doktrinäre und abstrakt gestellte Frage nach dem Staatsangehörigkeitsprinzip oder Wohnsitzprinzip (also ohne Bezugnahme auf ein ganz bestimmtes Rechtsinstitut als Gegenstand einer konkreten Kollisionsnorm) mir als veraltet und uninteressant erscheint (so schon in meinem Bericht vom Juli 1955 an die 1. Kommission des Deutschen Rates für IPR). Es war deshalb m. E. auch ganz richtig, daß die Kommission auf eine Diskussion über diese theoretische Frage verzichtete (so die Begründung zum Entwurf: „Allgemeines, Abgrenzung des Arbeitsgebietes").

Nicht anfreunden kann ich mich allerdings mit der Anknüpfung an die Staatsangehörigkeit in *allen* eherechtlichen Fragen. Wenn für die Eheschließung und Ehescheidung das „Heimatrecht" aus *staatspolitischen* Erwägungen zugrunde gelegt werden soll, so ist dies immerhin vertretbar.

Ansichtssache! Jedenfalls sind es nur staatspolitische Gesichtspunkte, die hier eine Rolle spielen können, und nicht etwa, wie behauptet wird, der Schwerpunktgedanke (vgl. die Begründung zum Entwurf: „Eheschließung, I. Die grundsätzliche Regelung, 2. Die Anknüpfung"). Es heißt in der Begründung zum Entwurf, daß „der Mensch *in der Regel nicht* im Aufenthaltsstaat wurzelt". Das ist ein Erfahrungssatz, und er trifft in den meisten konkreten Fällen auch zu; darauf habe ich auch wiederholt hingewiesen, zuletzt in meinem Bericht an die 1. Kommission des Deutschen Rates für IPR. Wenn aber im Entwurf das „Verwurzelt-Sein" das maßgebende Kriterium für die Anknüpfung gewesen ist – und dieses Kriterium ist auch richtig und gerecht –, so müßte es auch dann angewandt werden, wenn – in selteneren Fällen – der Mensch eben im Aufenthaltsstaat und *nicht* im „Heimatstaat" wurzelt. Rechtspolitisch gesehen ist die Staatsangehörigkeit lediglich ein *Indiz* für ihre Richtigkeit als ein Verbindungsglied zwischen „Verwurzelt-Sein" und maßgebender Rechtsordnung. Aus einem Indiz kann man aber weder ein Kriterium machen, noch daraus einen positivrechtlichen Grundsatz ohne Ausweichmöglichkeit ableiten, sonst wird aus Recht Unrecht. Wenn also die Anknüpfung an die Staatsangehörigkeit in den meisten Fällen gerecht ist, so kann deshalb die Ungerechtigkeit in anderen – weniger häufigen – Fällen nicht in Kauf genommen werden. Eine solche Art von „Aufopferungsanspruch" der Mehrheit zu Lasten der Minderheit gibt es nicht. Eine Rechtsnorm, die ein derartiges Opfer voraussetzt, kann ich zumindest im Privatrecht niemals anerkennen und niemals akzeptieren, es sei denn, daß staatspolitische Interessen es unbedingt verlangen. Dies steht jedoch bereits auf einem anderen Blatt, denn gerade die staatspolitischen Gesichtspunkte, aber auch die Funktion von Eheschließung und Ehescheidung im Staate können zu einer anderen Anknüpfung als der an die Staatsangehörigkeit oder an den Wohnsitz führen.

Es leuchtet mir jedoch nicht ein, was die Staatsangehörigkeit mit solchen Fragen wie beispielsweise der Schlüsselgewalt, der Eigentumsvermutung oder etwa der nach dem ehelichen Güterrecht zu tun hat.

Auch die, für den Entwurf so charakteristische, gleitende sechsstufige Anknüpfung (in der Kommission scherzhafterweise „Stufenleiter" genannt) überzeugt mich nicht ganz, obwohl sie den Anschein einer sehr elastischen Kollisionsnorm erweckt. Es überzeugt mich vor allem nicht der Sprung von der Anknüpfung an die Staatsangehörigkeit (Entwurf: Ehewirkungen § A Ziff. 1 und 2) zur Anknüpfung an den gewöhnlichen Aufenthalt (§ A Ziff. 3). Nehmen wir beispielsweise an, daß ein Mann und eine Frau, die in Frankfurt ansässig sind, soeben dort geheiratet haben. Es leuchtet mir dabei nicht ein, daß *alle* „Wirkungen der Ehe" nach italienischem Recht zu beurteilen wären, wenn beide Ehegatten die italienische Staatsangehörigkeit besäßen, daß aber deutsches Recht maßgebend sei, wenn z. B. der Mann Amerikaner und die Frau Italienerin wäre (so der Entwurf). Und weiter: übersiedelt nun *dieses* Ehepaar nach der Schweiz, so wäre – dies wiederum für alle „Ehewirkungen", also: persönliche Treue- und Fürsorgepflichten, Unterhalt, Schlüsselgewalt, Eigentumsvermutung, Güterstand usw. – nach wie vor italienisches Recht bei der 1. Hypothese (was immerhin konsequent ist) und bei der 2. Hypothese jetzt schweizerisches Recht maßgebend. Dabei würde in der inneren tatsächlichen Gestaltung der Ehe und in den äußeren tatsächlichen Verhältnissen der Ehegatten bei beiden Hypothesen kein Unterschied bestehen, außer dem Umstand, daß die Pässe der Ehegatten verschieden lauten. Welches ist nun die innere, typisch internationalprivatrechtliche und nicht bloß die mehr äußerliche (Gleichberechtigung usw.) Begründung dieser unterschiedlichen Behandlung? Entweder ist die eine Anknüpfung (an die Staatsangehörigkeit) richtig, dann muß die andere (an den Wohnsitz) falsch sein, oder eben umgekehrt. Es ist schließlich noch darauf hinzuweisen, daß die „Stufenleiter" die Gefahr eines häufigeren und zeitlich schnellen Wechsels des „Ehewirkungsstatuts" besonders dann mit sich bringen wird, wenn die Ehegatten (eine Zeitlang) keine gemeinsame Staatsangehörigkeit besitzen (Nr. 5 der Stufenleiter).

Zu solchen m. E. unbefriedigenden Ergebnissen muß es häufig kommen, wenn eine Anknüpfung gewählt wird, die außerhalb der zu normierenden typischen Tatbestände liegt: wenn die Anknüpfung für den typischen Tatbestand nicht charakteristisch ist, wird die Endlösung (die rechtliche Beurteilung des Falles) häufig – wie im oben erwähnten Beispiel – vom Zufall abhängig sein. Es handelt sich hier letzten Endes um die Frage nach der Anknüpfungsmethode.

IV. Zum Eheschließungs- und Ehescheidungsrecht habe ich bereits Stellung genommen. Ich darf daher, um Wiederholungen zu vermeiden, auf meine Ausführungen zu meinem Gegenentwurf (oben S. 157–169) verweisen.

V. Zum Ehewirkungsstatut

a) Angesichts der (rechtsvergleichend) unübersehbaren Fülle von Rechtsfragen innerhalb dessen, was man als „Ehewirkungen" bezeichnet (persönliche und vermögensrechtliche Ordnung des ehelichen Zusammenlebens, auch in seinen Außenwirkungen), glaube ich – von der Anknüpfungsfrage jetzt ganz abgesehen –, daß es richtig ist, wenn der Entwurf eine generelle Kollisionsnorm für *alle* „Ehewirkungen" voranstellt (§ A).

b) Aus dieser Fülle von Rechtsfragen (und Instituten) innerhalb der „Ehewirkungen" ragt aber eine Reihe von Rechtsinstituten hervor, deren typisch eigene – auch rechtsvergleichend feststellbare – Funktionen nicht zu übersehen sind und die u. U. eine besondere Berücksichtigung verlangen. Ich brauche nur die Schlüsselgewalt, die Unterhaltspflicht, die Eigentumsvermutungen, die dinglich-rechtlichen Wirkungen des Güterstandes oder auch nur die Publizität des Güterstandes, die erbrechtliche Wirkung des Güterstandes und dergleichen zu erwähnen. Eine generelle Kollisionsnorm über Ehewirkungen, „Grundsatznorm" (im Entwurf: § A), schließt eine Reihe von besonderen Kollisionsnormen über diese Rechtsinstitute und Rechtsfragen ja nicht aus. Dies wäre m. E. vor allem dann erforderlich, wenn die (generelle) Grundsatznorm diese speziellen Rechtsfragenkomplexe hinsichtlich des Schwerpunktgedankens nicht decken würde (zur Methode vgl. *Braga* RabelsZ 23, 427 f.).

Der vorliegende Entwurf läßt solche „besonderen" oder „Spezial"-Kollisionsnormen meiner Ansicht nach vermissen. Es leuchtet mir beispielsweise nicht ein, daß die Eigentumsvermutungen oder etwa die Schlüsselgewalt hinsichtlich eines deutschen Ehepaares, das nach den

USA ausgewandert ist (die dortige Staatsangehörigkeit aber noch nicht erworben hat), immer noch nach deutschem Recht (laut Entwurf) zu beurteilen wären. Die Beispiele ließen sich in bezug auf die dingliche Wirkung des Güterstandes (auf das im Ausland belegene Vermögen), auf die Publizität des Güterstandes usw. – von der Bestimmung des Art. 28 EGBGB ganz abgesehen – vermehren. Diese Sonderfragen (Sonderinstitute) liegen nicht mehr im Bereich der rein internen Ordnung der Ehe (und Familie), sondern sie berühren in starkem Maße die Interessen der Umwelt, in der die Ehegatten leben. Auch die sachenrechtlichen Gesichtspunkte spielen hier eine Rolle. Schließlich ist es die Rechtssicherheit im Geschäftsverkehr, die – bei allem Wohlwollen gegenüber dem Postulat einer einheitlichen Rechtsordnung innerhalb des Ehewirkungsstatuts – ebenfalls eine gesonderte Behandlung solcher Fragen erfordert.

c) Man kann nicht sagen, daß der Entwurf den oben erwähnten Gesichtspunkten überhaupt nicht Rechnung trägt. Er tut es teilweise, jedoch nur mit Rücksicht auf die Belange der *inländischen* Rechtssicherheit (§ D des Entwurfs in Anlehnung an den Art. 16 EGBGB). Internationalisierbar ist also der § D in der vorliegenden Fassung nicht. Was aber für den deutschen Bereich recht ist, müßte auch für das Ausland billig sein. Bei den sonst so liberal gehaltenen Bestimmungen im Entwurf muß der einseitig ausgerichtete § D aus der Reihe fallen, zumal über den Art. 28 EGBGB nur eine teilweise Korrektur erreicht werden kann. Die Tatsache, daß bisher nur wenige Entscheidungen im Zusammenhang mit dem Art. 16 EGBGB ergangen sind, macht solche Bestimmungen nicht überflüssig, da auch Selbstverständlichkeiten u. U. in das Gesetz aufzunehmen sind. Die Kollisionsnorm muß jedoch auch die Rechtssicherheit im Auslande beachten (Rechtssicherheit im *internationalen* Rechtsverkehr).

Das, was im § D des Entwurfs letzten Endes zum Ausdruck kommt, sind die Grundsätze, 1. daß die Publizität des Güterstandes sich nach dem Recht des gewöhnlichen Aufenthalts eines der Ehegatten richtet (Abs. 1), 2. daß für die Schlüsselgewalt die lex loci actus (und die lex domicilii eines der Ehegatten?) maßgebend ist (Abs. 2), 3. daß die Eigentumsvermutungen sich nach der lex rei sitae richten und 4. daß für Betriebe und Unternehmungen eines der Ehegatten der Betriebssitz entscheidend ist (Abs. 2). Dies alles leuchtet durchaus ein, und es fragt sich: warum dann keine allseitige, schwerpunktmäßig ausgerichtete und auch internationalisierbare Kollisionsnormen? Doch erschöpft § D des Entwurfs (in seinem Sachbereich) noch nicht den oben aufgeworfenen Fragenkomplex. Auf weitere Erörterungen muß ich allerdings verzichten.

d) § C des Entwurfs enthält eine notwendige Bestimmung zur Anpassung des ehelichen Güterrechts an die Rechtsordnung des Domizilstaates. Auch diese Bestimmung ist bedauerlicherweise einseitig. Bezeichnenderweise wird sie überflüssig, wenn Ziff. 3–5 der Hauptkollisionsnorm über Ehewirkungen (§ A) eingreifen, d. h. wenn die Rechtsordnung des Wohnsitzstaates maßgebend ist.

e) Ferner ist noch § B zu erwähnen. Da das Ehewirkungsstatut wandelbar ist (§ A), enthält § B eine typische und auch notwendige „Überleitungsnorm" zum Schutze der wohlerworbenen, einmal ins Leben gerufenen Rechtspositionen (RabelsZ 23, 444). Ich sehe dabei aber nicht ein, wieso auch diese Bestimmung des § B einseitig und somit als Ausnahme (enge Auslegung!) gestaltet ist. Ich glaube, daß die Verweisung (in der Hauptkollisionsnorm über Ehewirkungen), die der Gesetzgeber aus eigener Machtvollkommenheit ausspricht, ohne weiteres zum Schutze der wohlerworbenen Rechtspositionen (im ehelichen Güterrecht) korrigierend eingeschränkt werden kann, beruht doch die Wandelbarkeit des Ehewirkungsstatuts ebenfalls auf der Entscheidung desselben Gesetzgebers.

f) Schließlich ist mir das Verhältnis zwischen der Hauptkollisionsnorm (über Ehewirkungen) mit ihrer sechsstufigen Anknüpfung (§ A) und der Rückverweisung und Weiterverweisung nicht ganz klar. Wenn im Falle der Ziff. 1 und 2 – Maßgeblichkeit des gemeinsamen Heimatrechts – die Zulässigkeit der Rück- und Weiterverweisung herkömmlicherweise wohl anzunehmen ist, so kann dies im Falle der Ziff. 3–6 bereits bedenklich sein. Nehmen wir beispielsweise den Fall einer deutschen Ehefrau und eines italienischen Ehemannes, die ihren gewöhnlichen Aufenthalt in einem Staate haben, dessen IPR auf das Heimatrecht des Mannes verweist. Ist auch in diesem Falle die Rück- und Weiterverweisung beachtlich? Ich bin nicht ganz sicher, ob diese Konsequenz vom Entwurf auch tatsächlich gewollt ist, zumal für den geltenden Art. 29 EGBGB (der ja gerade im Rahmen des § A des Entwurfs gegenstandslos sein müßte) diese Frage trotz der rückverweisungsfreudigen Rechtsprechung umstritten ist (vgl. Soergel-Kegel IV, 285 bzw. 9. Aufl. 964, Randziff. 26).

Ich darf an diesem Punkt meine Stellungnahme abschließen. Zu den beachtenswert liberal gehaltenen *verfahrensrechtlichen Bestimmungen* des Entwurfs (vor allem: internationale Zuständigkeit, Anerkennung ausländischer Entscheidungen) brauche ich mich nicht zu äußern, da ich sie im ganzen als richtig ansehe. Es könnte freilich der Einwand erhoben werden, daß diese verfahrensrechtlichen Bestimmungen nicht parallel zu den entsprechenden Kollisionsnormen des Entwurfs laufen. Ich glaube aber, daß dieser Einwand nicht begründet ist, denn die

Normsituationen sind hier teilweise verschieden von denen des IPR. Das Prozeßrecht wird nicht zuletzt auch von öffentlich-rechtlichen Gesichtspunkten bestimmt, so daß die Staatsangehörigkeit – wie z. B. bei der Frage nach der internationalen Zuständigkeit – stets berücksichtigt werden muß (freier Zugang zu den Gerichten und Behörden des Heimatstaates).

Gesetzesregister

Sachverzeichnis

FSC
www.fsc.org
MIX
Papier | Fördert gute Waldnutzung
FSC® C083411

Kolibri 360 GmbH
Ferdinand-Jühlke-Straße 7
99095 Erfurt, Deutschland
produktsicherheit@kolibri360.de